农业国家与行业标准概要

(2014)

农业部农产品质量安全监管局
农 业 部 科 技 发 展 中 心 编

中 国 农 业 出 版 社

编 写 委 员 会

主　编：董洪岩　徐学万

副主编：张晓莉　张新明

主要编写人员（按姓氏笔画排序）：

马　飞　方晓华　闫晓阳
李　真　张晓莉　张新明
周云龙　赵玉华　聂善明
徐学万　董洪岩　薛志红
魏鹏娟

统　稿：张新明　徐学万　李　真
马　飞

前　　言

标准是对重复性事物和概念所做的统一规定。它以科学技术和实践经验的综合成果为基础，经有关方面协商一致，由主管机构批准，以特定的形式发布，作为共同遵守的准则和依据。农业标准是农产品质量安全监管和执法的重要依据，是支撑和规范农产品生产经营的技术保障。目前农业标准体系逐步完善，截至2014年底，农业部共批准发布国家标准、农业行业标准9 593项，其中国家标准4 472项（包括农药残留、兽药残留、饲料安全、转基因管理），农业行业标准5 121项。

本书收集整理了2014年农业部组织制定和批准发布的335项农业行业标准和国家标准。为方便读者查阅，按照10个类别进行归类编排，分别为种植业、畜牧兽医、渔业、农垦、农牧机械、农村能源、绿色食品、转基因、职业技能鉴定及综合类。

我们希望本书的出版，对从事农业质量标准工作的同志能有所帮助。

由于时间仓促，编辑过程中难免出现疏漏及不当之处，敬请广大读者批评指正。

编　者

2015年12月

前言

目　　录

前言

1 种植业

1.1 种子种苗

标准号	替代标准	标准名称	起草单位	范　　围
NY/T 355—2014	NY/T 355—1999	荔枝　种苗	中国热带农业科学院热带作物品种资源研究所、农业部热带作物种子种苗质量监督检验测试中心	本标准规定了荔枝（*Litchi chinensis* Sonn.）种苗相关的术语和定义、要求、检测方法与规则、包装、标识、运输和贮存。 本标准适用于妃子笑（Feizixiao）、鸡嘴荔（Jizuili）、糯米糍（Nuomici）、白糖罂（Baitangying）、桂味（Guiwei）等品种嫁接苗的生产与贸易，也可作为其他荔枝品种嫁接苗参考。
NY/T 358—2014	NY/T 358—1999，NY/T 359—1999	咖啡　种子种苗	中国热带农业科学院香料饮料研究所	本标准规定了咖啡（*Coffea* spp.）种子种苗的术语和定义、要求、试验方法、检验规则以及包装、标志、运输和贮存。 本标准适用于小粒种咖啡（*C. arabica* L.）用于繁育种苗的种子和实生苗，中粒种咖啡（*C. canephora* Pierre ex Froehner）的嫁接苗和扦插苗。

（续）

标准号	替代标准	标准名称	起草单位	范　围
NY/T 1299—2014	NY/T 1299—2007	农作物品种试验技术规程　大豆	全国农业技术推广中心、吉林省农业科学院大豆研究所、中国农业科学院作物科学研究所、中国农业科学院油料研究所、山西省农业种子总站、吉林省种子管理站、辽宁省种子管理局、安徽省种子管理站、河南省种子管理站、山东省种子管理站、河北省种子管理站、北京市种子管理站、四川省种子站	本标准规定了大豆品种试验方法与技术规则。 本标准适用于大豆品种试验工作。
NY/T 1432—2014	NY/T 1432—2007	玉米品种鉴定技术规程　SSR标记法	北京市农林科学院玉米研究中心、农业部科技发展中心	本标准规定了利用简单重复序列（simple sequence repeat，SSR）标记法进行玉米（*Zea mays* L.）品种鉴定的操作程序、数据记录与统计、判定规则。 本标准适用于玉米自交系和单交种的SSR指纹数据采集及品种鉴定，其他杂交种类型及群体和开放授粉品种可参考本标准。

（续）

标准号	替代标准	标准名称	起草单位	范　围
NY/T 1433—2014	NY/T 1433—2007	水稻品种鉴定技术规程 SSR 标记法	中国水稻研究所、农业部科技发展中心	本标准规定了利用简单重复序列（simple sequence repeats，SSR）标记进行水稻（*Oryza sativa* L.）品种鉴定的操作程序、数据记录与统计、判定方法。 本标准适用于水稻品种的 SSR 指纹数据采集及品种鉴定。
NY/T 2555—2014		植物新品种特异性、一致性和稳定性测试指南 秋海棠属	云南省农业科学院质量标准与检测技术研究所、农业部科技发展中心	本标准规定了秋海棠属（*Begonia* L.）新品种特异性、一致性和稳定性测试的技术要求和结果判定的一般原则。 本标准适用于秋海棠属新品种特异性、一致性和稳定性测试和结果判定。
NY/T 2556—2014		植物新品种特异性、一致性和稳定性测试指南 果子蔓属	上海鲜花港企业发展有限公司、上海市农业科学院［农业部植物新品种测试（上海）分中心］、农业部科技发展中心	本标准规定了凤梨科果子蔓属（*Guzmania* Ruiz et Pav.）新品种特异性、一致性和稳定性测试的技术要求和结果判定的一般原则。 本标准适用于果子蔓属新品种特异性、一致性和稳定性测试及结果判定。

（续）

标准号	替代标准	标准名称	起草单位	范　　围
NY/T 2557—2014		植物新品种特异性、一致性和稳定性测试指南 花烛属	上海鲜花港企业发展有限公司、上海市农业科学院［农业部植物新品种测试（上海）分中心］、农业部科技发展中心、云南省农业科学院［农业部植物新品种测试（昆明）分中心］	本标准规定了天南星科花烛属（*Anthurium* Schott）新品种特异性、一致性和稳定性测试的技术要求和结果判定的一般原则。 本标准适用于花烛属新品种特异性、一致性和稳定性测试和结果判定。
NY/T 2558—2014		植物新品种特异性、一致性和稳定性测试指南 唐菖蒲属	上海市农业科学院［农业部植物新品种测试（上海）分中心］、中国农业大学、农业部科技发展中心、云南省农业科学院、上海市农业生物基因中心	本标准规定了鸢尾科唐菖蒲属（*Gladiolus* L.）新品种特异性、一致性和稳定性测试和结果判定。 本标准适用于唐菖蒲属新品种特异性、一致性和稳定性测试的技术要求和结果判定的一般原则。
NY/T 2559—2014		植物新品种特异性、一致性和稳定性测试指南 莴苣	上海市农业科学院［农业部植物新品种测试（上海）分中心］、农业部科技发展中心、上海市农业生物基因中心	本标准规定了菊科莴苣属莴苣（*Lactuca sativa* L.）新品种特异性、一致性和稳定性测试的技术要求和结果判定的一般原则。 本标准适用于莴苣新品种特异性、一致性和稳定性测试和结果判定。

（续）

标准号	替代标准	标准名称	起草单位	范　　围
NY/T 2560—2014		植物新品种特异性、一致性和稳定性测试指南 香菇	上海市农业科学院、农业部科技发展中心	本标准规定了香菇［*Lentinus edodes*（Berk.）Pegler］新品种特异性、一致性和稳定性测试的技术要求和结果判定的一般原则。 本标准适用于香菇新品种特异性、一致性和稳定性的测试和评价。
NY/T 2561—2014		植物新品种特异性、一致性和稳定性测试指南 胡萝卜	中国农业科学院蔬菜花卉研究所、农业部科技发展中心、农业部植物新品种测试（北京）分中心	本标准规定了胡萝卜（*Daucus carota* L.）新品种特异性、一致性和稳定性测试的技术要求和结果判定的一般原则。 本标准适用于胡萝卜新品种特异性、一致性和稳定性测试和结果判定。
NY/T 2562—2014		植物新品种特异性、一致性和稳定性测试指南 亚麻	黑龙江省农业科学院经济作物研究所、内蒙古农牧业厅、黑龙江省农业科学院作物育种研究所、农业部科技发展中心	本标准规定了亚麻（*Linum usitatissimum* L.）新品种特异性、一致性和稳定性测试的技术要求和结果判定的一般原则。 本标准适用于亚麻新品种特异性、一致性和稳定性测试和结果判定。

（续）

标准号	替代标准	标准名称	起草单位	范　　围
NY/T 2563—2014		植物新品种特异性、一致性和稳定性测试指南　葡萄	中国农业科学院郑州果树研究所、山西省农业科学院果树研究所、农业部科技发展中心、延庆县果品服务中心	本标准规定了葡萄新品种特异性、一致性和稳定性测试的技术要求和结果判定的一般原则。 本标准适用于葡萄属（*Vitis* L.）新品种特异性、一致性和稳定性测试和结果判定。
NY/T 2564—2014		植物新品种特异性、一致性和稳定性测试指南　荔枝	华南农业大学、农业部科技发展中心、农业部植物新品种测试（广州）分中心	本标准规定了荔枝（*Litchi chinensis* Sonn.）新品种特异性、一致性和稳定性测试的技术要求和结果判定的一般原则。 本标准适用于荔枝新品种特异性、一致性和稳定性测试和结果判定。
NY/T 2565—2014		植物新品种特异性、一致性和稳定性测试指南　白三叶	黑龙江省农业科学院草业研究所、黑龙江省农业科学院作物育种研究所、农业部科技发展中心	本标准规定了白三叶（*Trifolium repens* L.）新品种特异性、一致性和稳定性测试的技术要求和结果判定的一般原则。 本标准适用于白三叶新品种特异性、一致性和稳定性测试和结果判定。

（续）

标准号	替代标准	标准名称	起草单位	范　　围
NY/T 2566—2014		植物新品种特异性、一致性和稳定性测试指南 稗	黑龙江省农业科学院草业研究所、黑龙江省农业科学院作物育种研究所、农业部科技发展中心	本标准规定了稗［*Echinochloa crusgalli*（L.）Beauv.］新品种特异性、一致性和稳定性测试的技术要求和结果判定的一般原则。 本标准适用于稗新品种特异性、一致性和稳定性测试和结果判定。
NY/T 2567—2014		植物新品种特异性、一致性和稳定性测试指南 荸荠	华南农业大学、武汉市蔬菜科学研究所、农业部科技发展中心	本标准规定了荸荠［*Heleocharis dulcis*（Burm. f.）Trin. ex Hensch.］新品种特异性、一致性和稳定性测试的技术要求和测试结果的判定原则。 本标准适用于荸荠新品种特异性、一致性和稳定性的测试和结果评价。
NY/T 2568—2014		植物新品种特异性、一致性和稳定性测试指南 蓖麻	云南省农业科学院质量标准与检测技术研究所、云南省农业科学院经济作物研究所、农业部科技发展中心	本标准规定了蓖麻（*Risinus communis* L.）新品种特异性、一致性和稳定性测试的技术要求和结果判定的一般原则。 本标准适用于蓖麻新品种以及变种间杂交选育所得的品种。

（续）

标准号	替代标准	标准名称	起草单位	范　围
NY/T 2569—2014		植物新品种特异性、一致性和稳定性测试指南　大麻	黑龙江省农业科学院经济作物研究所、黑龙江省农业科学院作物育种研究所、云南省农业科学院经济作物研究所、农业部科技发展中心	本标准规定了大麻（*Cannabis sativa* L.）新品种特异性、一致性和稳定性测试的技术要求和结果判定的一般原则。 本标准适用于大麻新品种特异性、一致性和稳定性测试和结果判定。
NY/T 2570—2014		植物新品种特异性、一致性和稳定性测试指南　酸模属	黑龙江省农业科学院作物育种研究所、农业部科技发展中心	本标准规定了酸模属（*Rumex* Linn.）新品种特异性、一致性和稳定性测试的技术要求和结果判定的一般原则。 本标准适用于酸模属新品种特异性、一致性和稳定性测试和结果判定。
NY/T 2571—2014		植物新品种特异性、一致性和稳定性测试指南　小黑麦	新疆农业科学院农作物品种资源研究所、农业部植物新品种测试中心	本标准规定了小黑麦（*Triticosecale* Witt.）新品种特异性、一致性和稳定性测试的技术要求和结果判定的一般原则。 本标准适用于小黑麦新品种特异性、一致性和稳定性测试和结果判定。

（续）

标准号	替代标准	标准名称	起草单位	范　　围
NY/T 2572—2014		植物新品种特异性、一致性和稳定性测试指南　薏苡	四川省农业科学院作物研究所、云南省农业科学院生物技术与种质资源研究所、农业部科技发展中心	本标准规定了薏苡属（*Coix* Linn.）新品种特异性、一致性和稳定性测试的技术要求和结果判定的一般原则。 本标准适用于薏苡属新品种特异性、一致性和稳定性测试和结果判定。
NY/T 2573—2014		植物新品种特异性、一致性和稳定性测试指南　高羊茅　草地羊茅	江苏省农业科学院、农业部科技发展中心	本标准规定了羊茅属苇状羊茅（俗称高羊茅）（*Festuca arundinacea* Schreb.）和草甸羊茅（俗称草地羊茅）（*Festuca pratensis* Huds.）新品种特异性、一致性和稳定性测试的技术要求和结果判定的一般原则。 本标准适用于羊茅属高羊茅和草地羊茅两个种的新品种特异性、一致性和稳定性测试和结果判定。

（续）

标准号	替代标准	标准名称	起草单位	范　　围
NY/T 2574—2014		植物新品种特异性、一致性和稳定性测试指南 菜薹	华南农业大学园艺学院、四川省农业科学院作物研究所、东莞香蕉蔬菜研究所、农业部科技发展中心	本标准规定了十字花科芸薹属芸薹种不结球白菜亚种的绿菜薹［*Brassica rapa* ssp. *chinensis*（L.）Makino var. *utilis* Tsen et Lee］和紫菜薹（*Brassica rapa* L. ssp. *chinensis* var. *pururea* Tsen et Lee）（统称菜薹）新品种特异性、一致性和稳定性测试的技术要求和结果判定的一般原则。 本标准适用于菜薹新品种特异性、一致性和稳定性测试和结果判定。
NY/T 2575—2014		植物新品种特异性、一致性和稳定性测试指南 芦荟	农业部科技发展中心、宁夏农林科学院	本标准规定了芦荟属植物（*Aloe* L.）新品种特异性、一致性和稳定性测试的技术要求和结果判定的一般原则。 本标准适用于芦荟属及其变种的新品种特异性、一致性和稳定性测试和结果判定。
NY/T 2576—2014		植物新品种特异性、一致性和稳定性测试指南 报春花属欧报春	中国农业科学院蔬菜花卉研究所、农业部科技发展中心	本标准规定了报春花属欧报春（*Primula vulgaris*）新品种特异性、一致性和稳定性测试的技术要求和结果判定的一般原则。 本标准适用于报春花属欧报春新品种特异性、一致性和稳定性测试和结果判定。

（续）

标准号	替代标准	标准名称	起草单位	范　围
NY/T 2577—2014		植物新品种特异性、一致性和稳定性测试指南 灯盏花	云南省农业科学院质量标准与检测技术研究所、云南省农业科学院药用植物研究所、红河千山生物工程有限公司	本标准规定了灯盏花（又名短葶飞蓬）［*Erigeron breviscapus*（Vant.）Hand-Mazz.］新品种特异性、一致性和稳定性测试的技术要求和结果判定的一般原则。 本标准适用于灯盏花新品种特异性、一致性和稳定性测试和结果判定。
NY/T 2578—2014		植物新品种特异性、一致性和稳定性测试指南 凤仙花	中国农业科学院蔬菜花卉研究所、农业部科技发展中心	本标准规定了凤仙花（*Impatiens balsamina* Linn.）新品种特异性、一致性和稳定性测试的技术要求和结果判定的一般原则。 本标准适用于凤仙花新品种特异性、一致性和稳定性测试和结果判定。
NY/T 2579—2014		植物新品种特异性、一致性和稳定性测试指南 花毛茛	云南省农业科学院质量标准与检测技术研究所、农业部科技发展中心、昆明缤纷园艺有限公司	本标准规定了花毛茛（*Ranunculus asiaticus* L.）新品种特异性、一致性和稳定性测试的技术要求和结果判定的一般原则。 本标准适用于花毛茛新品种特异性、一致性和稳定性测试和结果判定。

（续）

标准号	替代标准	标准名称	起草单位	范　　围
NY/T 2580—2014		植物新品种特异性、一致性和稳定性测试指南　马蹄莲属	上海市农业科学院、农业部科技发展中心	本标准规定了马蹄莲属（*Zantedeschia* Spreng.）新品种特异性、一致性和稳定性测试的技术要求和结果判定的一般原则。 本标准适用于马蹄莲属新品种特异性、一致性和稳定性测试和结果判定。
NY/T 2581—2014		植物新品种特异性、一致性和稳定性测试指南　水仙属	华南农业大学、漳州职业技术学院、农业部科技发展中心	本标准规定了石蒜科水仙属（*Narcissus* L.）新品种特异性、一致性和稳定性测试的技术要求和结果判定的一般原则。 本标准适用于水仙属新品种特异性、一致性和稳定性测试和结果判定。
NY/T 2582—2014		植物新品种特异性、一致性和稳定性测试指南　丝石竹	云南省农业科学院质量标准与检测技术研究所	本标准规定了丝石竹（俗称满天星）（*Gypsophila paniculata* L.）新品种特异性、一致性和稳定性测试的技术要求和结果判定的一般原则。 本标准适用于丝石竹新品种特异性、一致性和稳定性测试和结果判定。

（续）

标准号	替代标准	标准名称	起草单位	范　　围
NY/T 2583—2014		植物新品种特异性、一致性和稳定性测试指南　铁线莲属	中国农业科学院蔬菜花卉研究所、北京天地秀色园林科技有限公司	本标准规定了铁线莲属（*Clematis* L.）种内及种间杂交新品种特异性、一致性和稳定性测试的技术要求和结果判定的一般原则。 本标准适用于铁线莲属种内及种间杂交新品种特异性、一致性和稳定性测试和结果判定。
NY/T 2584—2014		植物新品种特异性、一致性和稳定性测试指南　萱草属	农业部科技发展中心、中国农业科学院蔬菜花卉研究所	本标准规定了萱草属（*Hemerocallis* L.）新品种特异性、一致性和稳定性测试的技术要求和结果判定的一般原则。 本标准适用于萱草属新品种特异性、一致性和稳定性测试和结果判定。
NY/T 2585—2014		植物新品种特异性、一致性和稳定性测试指南　薰衣草属	农业部科技发展中心、北京农学院	本标准规定了唇形科（Lamiaceae）薰衣草属（*Lavandula* L.）新品种特异性、一致性和稳定性测试的技术要求和结果判定的一般原则。 本标准适用于薰衣草属新品种特异性、一致性和稳定性测试和结果判定。

（续）

标准号	替代标准	标准名称	起草单位	范　　围
NY/T 2586—2014		植物新品种特异性、一致性和稳定性测试指南　洋桔梗	云南省农业科学院质量标准与检测技术研究所、云南瑞园花卉产业有限公司	本标准规定了洋桔梗［*Eustoma grandiflorum*（Raf.）Shinners］新品种特异性、一致性和稳定性测试的技术要求和结果判定的一般原则。 本标准适用于洋桔梗新品种特异性、一致性和稳定性测试和结果判定。
NY/T 2587—2014		植物新品种特异性、一致性和稳定性测试指南　无花果	新疆农业科学院农作物品种资源研究所、农业部科技发展中心、新疆喀什地区园艺蚕桑特产技术推广中心	本标准规定了无花果（*Ficus carica* L.）新品种特异性、一致性和稳定性测试的技术要求和结果判定的一般原则。 本标准适用于无花果新品种特异性、一致性和稳定性测试和结果判定。
NY/T 2588—2014		植物新品种特异性、一致性和稳定性测试指南　黑木耳	上海市农业科学院、农业部科技发展中心	本标准规定了黑木耳［*Auricularia auricula-judae*（Bull.）Quél.］新品种特异性、一致性和稳定性测试和结果判定。 本标准适用于黑木耳新品种特异性、一致性和稳定性测试的技术要求和结果判定的一般原则。

（续）

标准号	替代标准	标准名称	起草单位	范　围
NY/T 2589—2014		植物新品种特异性、一致性和稳定性测试指南　柴胡与狭叶柴胡	黑龙江省农业科学院作物育种研究所、农业部科技发展中心	本标准规定了柴胡（*Bupleurum chinense* DC.）与狭叶柴胡（*B. scorzonerifolium* Willd.）特异性、一致性和稳定性测试的技术要求和结果判定的一般原则。 本标准适用于柴胡与狭叶柴胡新品种特异性、一致性和稳定性测试和结果判定。
NY/T 2590—2014		植物新品种特异性、一致性和稳定性测试指南　穿心莲	广东省中药研究所、华南农业大学、农业部科技发展中心	本标准规定了穿心莲属（*Andrographis* Wall.）新品种特异性、一致性和稳定性测试的技术要求和结果判定的一般原则。 本标准适用于穿心莲属新品种特异性、一致性和稳定性的测试和评价。
NY/T 2591—2014		植物新品种特异性、一致性和稳定性测试指南　何首乌	江苏省农业科学院、中国科学院植物研究所、农业部科技发展中心	本标准规定了蓼科何首乌属何首乌［*Fallopia multiflora*（Thunb.）Haraldson］新品种特异性、一致性和稳定性测试的技术要求和结果判定的一般原则。 本标准适用于何首乌新品种特异性、一致性和稳定性测试和结果判定。

（续）

标准号	替代标准	标准名称	起草单位	范　围
NY/T 2592—2014		植物新品种特异性、一致性和稳定性测试指南　黄芪	西北农林科技大学、农业部科技发展中心	本标准规定了蒙古黄芪［*Astragalus membranaceus*（Fisch.）Bge. var. *mongholicus*（Bge.）Hsiao］和膜荚黄芪［*Astragalus membranaceus*（Fisch.）Bge.］新品种特异性、一致性和稳定性测试的技术要求和测试结果的判定原则。 本标准适用于蒙古黄芪和膜荚黄芪新品种特异性、一致性和稳定性的测试和结果评价。
NY/T 2593—2014		植物新品种特异性、一致性和稳定性测试指南　天麻	西北农林科技大学、农业部科技发展中心	本标准规定了天麻（*Gastrodia elata* Bl.）新品种特异性、一致性和稳定性测试的技术要求和结果判定的一般原则。 本标准适用于天麻新品种以及变种间杂交选育所得的品种。

（续）

标准号	替代标准	标准名称	起草单位	范　　围
NY/T 2594—2014		植物品种鉴定　DNA 指纹方法　总则	北京市农林科学院玉米研究中心、农业部科技发展中心	本标准规定了植物品种 DNA 指纹鉴定的基本原则、通用方法（或程序）及判定标准。 本标准适用于植物品种 DNA 指纹鉴定方法的建立。
NY/T 2595—2014		大豆品种鉴定技术规程　SSR 分子标记法	黑龙江省农业科学院作物育种研究所、农业部科技发展中心	本标准规定了利用简单重复序列（simple sequence repeats，SSR）标记进行大豆［*Glycine max*（L.）Merr.］品种鉴定的试验方法、数据记录格式和判定标准。 本标准适用于大豆 SSR 标记分子数据的采集和品种鉴定。
NY/T 2619—2014		瓜菜作物种子　豆类（菜豆、长豇豆、豌豆）	全国农业技术推广服务中心、河南省种子管理站、河北省种子管理总站、山东省种子管理总站、四川省种子站	本标准规定了菜豆（*Phaseolus vulgaris* L.）、长豇豆［*Vigna unguiculata* W. ssp. *sesquipedalis*（L.）Verd.］、豌豆（*Pisum sativum* L.）种子的质量要求、检验方法和检验规则。 本标准适用于中华人民共和国境内生产、销售上述豆类种子，涵盖包衣种子和非包衣种子。

（续）

标准号	替代标准	标准名称	起草单位	范　　围
NY/T 2620—2014		瓜菜作物种子　萝卜和胡萝卜	全国农业技术推广服务中心、山东省种子管理总站、河北省种子管理总站、河南省种子管理站、四川省种子站	本标准规定了萝卜（*Raphanus sativus* L.）、胡萝卜（*Daucus carota* L.）种子的质量要求、检验方法和检验规则。 本标准适用于中华人民共和国境内生产、销售上述萝卜类作物种子，涵盖包衣种子和非包衣种子。
NY/T 2634—2014		棉花品种真实性鉴定SSR分子标记法	安徽省农业科学院、农业部转基因生物产品成分监督检验测试中心（合肥）	本标准规定了棉花品种真实性鉴定SSR分子标记法。 本标准适用于陆地棉品种真实性鉴定。
NY/T 2644—2014		普通小麦冬春性鉴定技术规程	全国农业技术推广服务中心、洛阳农林科学院、中国农业科学院作物科学研究所	本标准规定了普通小麦（*Triticum aestivum* L.）冬春性鉴定方法。 本标准适用于普通小麦品种国家区域试验冬春性鉴定，省级区域试验可参考执行。

（续）

标准号	替代标准	标准名称	起草单位	范　　围
NY/T 2645—2014		农作物品种试验技术规程　高粱	全国农业技术推广服务中心、辽宁省农业科学院、湖北省农业厅、辽宁省种子管理局、内蒙古自治区种子管理站、山西省农业种子总站、吉林省种子管理总站、四川省农业科学院、黑龙江省农业科学院、山西省农业科学院、吉林省农业科学院、赤峰市农牧科学研究院	本标准规定了国家高粱品种试验技术方法与技术规则。 本标准适用于国家高粱品种试验。
NY/T 2646—2014		水稻品种试验稻瘟病抗性鉴定与评价技术规程	全国农业技术推广服务中心、浙江省农业科学院植物保护与生物研究所、广东省农业科学院植物保护研究所、四川省农业科学院植物保护研究所、中国水稻研究所、中国农业科学院作物科学研究所、恩施土家族苗族自治州农业科学院植保土肥研究所、吉林省农业科学院植物保护研究所、天津市农业科学院植物保护研究所	本标准规定了水稻品种试验稻瘟病抗性鉴定的有关定义、鉴定方法、调查方法、数据计算、抗性评价助记词汇总报告格式。 本标准适用于国家级和省级水稻品种试验，品种抗病性比较试验、主导品种的抗病性监测可参照执行。

1.2 土壤与肥料

标准号	替代标准	标准名称	起草单位	范　围
NY/T 1116—2014	NY/T 1116—2006	肥料　硝态氮、铵态氮、酰胺态氮含量的测定	国家肥料质量监督检验中心（北京）、农业部肥料质量监督检验测试中心（杭州）	本标准规定了肥料氮含量测定的紫外分光光度法、蒸馏后滴定法等试验方法。 本标准适用于固体或液体肥料硝态氮、铵态氮、酰胺态氮含量的测定。本标准也适用于土壤调理剂。
NY/T 1121.7—2014	NY/T 1121.7—2006	土壤检测　第7部分：土壤有效磷的测定	全国农业技术推广服务中心、农业部肥料质量监督检验测试中心（杭州）、农业部肥料质量监督检验测试中心（成都）、农业部肥料质量监督检验测试中心（石家庄）、农业部肥料质量监督检验测试中心（郑州）	本部分规定了使用紫外/可见分光光度计测定土壤有效方法。 本部分适用于土壤有效磷含量的测定。
NY/T 2540—2014		肥料　钾含量的测定	国家肥料质量监督检验中心（北京）、福建省农产品质量安全检验检测中心	本标准规定了肥料中钾含量测定的重量法、火焰光度法、等离子体发射光谱法等试验方法。 本标准适用于固体或液体肥料中钾含量、总钾含量的测定。本标准也适用于土壤调理剂。

（续）

标准号	替代标准	标准名称	起草单位	范　围
NY/T 2541—2014		肥料　磷含量的测定	国家肥料质量监督检验中心（北京）、农业部肥料质量监督检验测试中心（成都）	本标准规定了肥料中磷含量测定的重量法、等离子体发射光谱法和分光光度法等试验方法。 本标准适用于固体或液体肥料中总磷、水溶性磷和有效磷含量的测定。本标准也适用于土壤调理剂。
NY/T 2542—2014		肥料　总氮含量的测定	国家肥料质量监督检验中心（北京）、北京市肥料质量监督检验站	本标准规定了肥料总氮含量测定的蒸馏后返滴定法、蒸馏后直接滴定法、杜马斯燃烧法等试验方法。 本标准适用于固体或液体肥料中总氮含量的测定。本标准也适用于土壤调理剂。
NY/T 2543—2014		肥料增效剂　效果试验和评价要求	农业部肥料登记评审委员会、国家化肥质量监督检验中心（北京）	本标准规定了肥料增效剂效果试验相关术语、试验要求和内容、效果评价、报告撰写等要求。 本标准适用于脲酶抑制剂和硝化抑制剂的试验效果评价。

（续）

标准号	替代标准	标准名称	起草单位	范　　围
NY/T 2544—2014		肥料效果试验和评价通用要求	农业部肥料登记评审委员会、国家化肥质量监督检验中心（北京）、北京林业大学	本标准规定了肥料效果试验相关术语、试验要求和内容、效果评价、报告撰写等要求。 本标准适用于粮食作物、经济作物、蔬菜、花卉、果树等肥料效果试验和评价。缓释肥料、肥料增效剂、土壤调理剂等除特殊试验要求外应执行本标准。 本标准不适用于微生物肥料。
NY/T 2623—2014		灌溉施肥技术规范	全国农业技术推广服务中心、深圳市芭田生态工程股份有限公司、四川化工控股（集团）有限责任公司、东莞市保得生物工程有限公司、中国农业科学院农业资源与农业区划研究所	本标准规定了灌溉施肥系统建设、水分和养分管理、施肥制度制定、使用和维护等要求。 本标准适用于指导施肥技术推广应用。

（续）

标准号	替代标准	标准名称	起草单位	范　围
NY/T 2624—2014		水肥一体化技术规范总则	全国农业技术推广服务中心、深圳市芭田生态工程股份有限公司、成都市新都化工股份有限公司、鲁西化工集团股份有限公司、山东金正大生态工程股份有限公司、史丹利化肥股份有限公司、福建省农业科学院	本标准规定了水肥一体化技术的基本原则、技术方案和主要模式。 本标准适用于指导全国水肥一体化技术推广与应用。
NY/T 2625—2014		节水农业技术规范总则	全国农业技术推广服务中心	本标准规定了节水农业有关术语和定义、目标、原则、技术体系、类型分区和主要技术等。 本标准适用于指导全国不同区域节水农业工作。
NY/T 2626—2014		补充耕地质量评定技术规范	全国农业技术推广服务中心、山西省土壤肥料工作站、江西省土壤肥料技术推广站、湖北省土壤肥料工作站	本规范规定了补充耕地质量评定的资料准备、实地踏勘、样品采集、样品检测、综合评价等环节的技术内容、方法和程序。

1.3 植保与农药

标准号	替代标准	标准名称	起草单位	范　　围
GB 2763—2014	GB 2763—2012	食品安全国家标准　食品中农药最大残留限量	农业部农药检定所	本标准规定了食品中 2,4-滴等 387 种农药 3650 项最大残留限量。 本标准适用于与限量相关的食品。 食品类别及测定部位（资料性附录 A）用于界定农药最大残留限量应用范围，仅适用于本标准。如某种农药的最大残留限量应用于某一食品类别时，在该食品类别下的所有食品均适用，有特别规定的除外。
NY/T 1151.5—2014		农药登记用卫生杀虫剂室内药效试验及评价　第 5 部分：幼蚊防治剂	农业部农药检定所、济南市疾病预防控制中心、北京市疾病预防控制中心、天津市疾病预防控制中心	本部分规定了农药登记用幼蚊防治剂模拟现场和现场药效试验的方法和评价指标。 本部分适用于幼蚊防治剂的模拟现场和现场药效试验及评价。

（续）

标准号	替代标准	标准名称	起草单位	范围
NY/T 1464.51—2014		农药田间药效试验准则 第 51 部分：杀虫剂防治柑橘树蚜虫	农业部农药检定所、福建省农业科学院植物保护研究所	本部分规定了杀虫剂防治柑橘树蚜虫田间药效小区试验的方法和基本要求。 本部分适用于杀虫剂防治柑橘树蚜虫，如橘蚜（*Toxoptera citriidus*）、橘二叉蚜（*Toxoptera aurantii*）、锈线菊蚜（*Aphis citricola*）、棉蚜（*A. gossypii*）等的登记用田间药效小区试验及药效评价。
NY/T 1464.52—2014		农药田间药效试验准则 第 52 部分：杀虫剂防治枣树盲蝽	农业部农药检定所、中国农业科学院郑州果树研究所	本部分规定了杀虫剂防治枣树盲蝽田间药效小区试验的方法和基本要求。 本部分适用于杀虫剂防治枣树盲蝽，如绿盲蝽（*Lygus lucorum*）、中黑盲蝽（*Adelphocoris suturalis*）、三点苜蓿盲蝽（*Adelphocor fasciaticollis*）、苜蓿盲蝽（*Adelphocoris lineda*）和牧草盲蝽（*Lygus pratensisis*）等的登记用田间药效小区试验及药效评价。

（续）

标准号	替代标准	标准名称	起草单位	范　　围
NY/T 1464.53—2014		农药田间药效试验准则 第 53 部分：杀菌剂防治十字花科蔬菜根肿病	农业部农药检定所、天津市植物保护研究所	本部分规定了杀菌剂防治十字花科蔬菜根肿病（*Plasmodiophora brassicae* Woron.）田间药效小区试验的方法和基本要求。 本部分适用于杀菌剂防治十字花科蔬菜根肿病登记用田间药效小区试验及药效评价。其他田间药效试验可以参照使用。
NY/T 1464.54—2014		农药田间药效试验准则 第 54 部分：杀菌剂防治水稻稻曲病	农业部农药检定所、中国农业大学农学与生物技术学院、辽宁省农业科学院植物保护研究所	本部分规定了杀菌剂防治水稻稻曲病（*Ustilaginoidea virens*）田间药效小区试验的方法和基本要求。 本部分适用于杀菌剂防治水稻稻曲病的登记用田间药效小区试验及药效评价。其他田间药效试验参照本部分执行。
NY/T 1464.55—2014		农药田间药效试验准则 第 55 部分：除草剂防治姜田杂草	农业部农药检定所、山东省除草剂新技术开发推广中心	本部分规定了除草剂防治姜田杂草田间药效小区试验的方法和要求。 本部分适用于除草剂防治姜田杂草的登记用田间药效小区试验及药效评价。

（续）

标准号	替代标准	标准名称	起草单位	范　　围
NY/T 1859.5—2014		农药抗性风险评估　第5部分：十字花科蔬菜小菜蛾抗药性风险评估	农业部农药检定所、中国农业大学农学与生物技术学院	本标准规定了农药登记用小菜蛾对杀虫药剂抗性风险评估的原则和要求。 本标准适用于小菜蛾对杀虫药剂抗性风险评估。
NY/T 1859.6—2014		农药抗性风险评估　第6部分：灰霉病菌抗药性风险评估	农业部农药检定所、中国农业大学农学与生物技术学院	本部分规定了灰霉病菌对登记用杀菌剂抗药性风险评估的基本要求和方法。 本部分适用于可引起灰霉病的葡萄孢属病原真菌对具有直接作用方式的杀菌剂抗药性风险评估。该葡萄孢属病原真菌包括灰葡萄孢菌（*Botrytis cinerea* Pers.）、葱鳞葡萄孢菌（*Botrytis squamosa* Walker）、葱腐葡萄孢菌（*Botrytis allii* Munn）等多种。
NY/T 1859.7—2014		农药抗性风险评估　第7部分：抑制乙酰辅酶A羧化酶除草剂抗性风险评估	农业部农药检定所、中国农业科学院植物保护研究所	本部分规定了农药登记用抑制乙酰辅酶A羧化酶除草剂抗药性风险评估的原则和要求。 本部分适用于杂草对抑制乙酰辅酶A羧化酶除草剂抗性风险评估。杂草对抑制乙酰辅酶A羧化酶除草剂的抗药性监测、抗药性鉴定及抗药性治理可参照本部分执行。

(续)

标准号	替代标准	标准名称	起草单位	范　围
NY/T 2058—2014		水稻二化螟抗药性监测技术规程	全国农业技术推广服务中心、南京农业大学、江苏省植物保护站	本标准规定了毛细管点滴法和稻苗浸渍法监测水稻二化螟［*Chilo suppressalis*（Walker）］抗药性的方法。 本标准适用于水稻二化螟对杀虫剂的抗药性监测。
NY/T 2063.3—2014		天敌昆虫室内饲养方法准则　第3部分：丽蚜小蜂室内饲养方法	农业部农药检定所、北京市农林科学院植物保护环境保护研究所	本部分规定了采用烟粉虱（*Bemisia tabaci*）若虫和温室粉虱（*Trialeurodes vaporariorum*）若虫室内饲养丽蚜小蜂（*Encarsia formosa*）的基本方法和要求。 本部分适用于以番茄植株上烟粉虱若虫和温室粉虱若虫为活体寄主繁殖丽蚜小蜂的室内饲养方法。其他植物作为寄主植物时可参照执行。
NY/T 2621—2014		玉米粗缩病测报技术规范	全国农业技术推广服务中心、济宁市植物保护站、山东省植物保护总站	本标准规定了玉米粗缩病传毒介体灰飞虱虫卵量、灰飞虱带毒率测定、玉米粗缩病病情调查和预测方法等内容。 本标准适用于我国江淮、黄淮、华北及东北南部玉米产区玉米粗缩病调查和预测预报。

（续）

标准号	替代标准	标准名称	起草单位	范　　围
NY/T 2622—2014		灰飞虱抗药性监测技术规程	全国农业技术推广服务中心、南京农业大学、江苏省植物保护总站	本标准规定了稻苗浸渍法监测灰飞虱［*Laodelphax striatellus*（Fallen)］抗药性的方法。 本标准适用于灰飞虱对杀虫剂的抗药性监测。
NY/T 2629—2014		扶桑绵粉蚧监测规范	全国农业技术推广服务中心、湖南省植保植检站、湖南农业大学	本标准规定了农业植物检疫中扶桑绵粉蚧（*Phenacoccus solenopsis* Tinsley）的监测原理、监测用品、监测区域、监测植物、监测方法和监测报告等内容。 本标准适用于扶桑绵粉蚧的疫情监测。
NY/T 2630—2014		黄瓜绿斑驳花叶病毒病防控技术规程	全国农业技术推广服务中心、山东省植物保护总站、辽宁省植物保护站	本标准规定了农业植物检疫中黄瓜绿斑驳花叶病毒病（*Cucumber green mottle mosaic virus*，CGMMV）的防控技术规程。 本标准适用于由黄瓜绿斑驳花叶病毒引起的葫芦科作物病毒病的防控。

（续）

标准号	替代标准	标准名称	起草单位	范　围
NY/T 2631—2014		南方水稻黑条矮缩病测报技术规范	全国农业技术推广服务中心、江苏省农业科学院植物保护研究所、福建省植保植检总站、湖南省植保植检站、广西壮族自治区植保总站、广东省农业有害生物预警防控中心	本标准规定了南方水稻黑条矮缩病测报调查的病毒检测技术、病情调查方法以及调查数据记载归档的要求。 本标准适用于农业植保部门南方水稻黑条矮缩病测报调查，有关研究及生产单位可参考执行。

1.4　粮油作物及产品

标准号	替代标准	标准名称	起草单位	范　围
NY/T 2545—2014		植物性农产品中黄曲霉毒素现场筛查技术规程	中国农业科学院油料作物研究所、农业部油料及制品质量监督检验测试中心	本标准规定了植物性农产品（谷物、豆类、坚果及籽类）中黄曲霉毒素现场筛查的技术规程。 本标准适用于植物性农产品（谷物、豆类、坚果及籽类）生产、收获、储藏、运输过程控制中黄曲霉毒素的现场筛查。

（续）

标准号	替代标准	标准名称	起草单位	范　　围
NY/T 2546—2014		油稻稻三熟制油菜全程机械化生产技术规程	中国农业科学院油料作物研究所、农业部油料及制品质量监督检验测试中心	本标准规定了油稻稻栽培模式下油菜全程机械化生产品种选择、机械播种和机械移栽、田间管理、机械收获等技术要求。 本标准适用于长江流域及华南油稻稻三熟制油菜产区油菜全程机械化生产。
NY/T 2632—2014		玉米—大豆带状复合种植技术规程	全国农业技术推广服务中心、四川农业大学、四川省农业技术推广总站	本标准规定了玉米—大豆带状复合种植的适宜区域、栽培管理及收获等操作技术规程。 本标准适用于我国玉米主产区的玉米、大豆生产。
NY/T 2638—2014		稻米及制品中抗性淀粉的测定　分光光度法	中国水稻研究所、农业部稻米及制品质量监督检验测试中心	本标准规定了稻米及制品中抗性淀粉测定的分光光度法。 本标准适用于抗性淀粉含量2%～64%的稻米及制品的测定。

（续）

标准号	替代标准	标准名称	起草单位	范　　围
NY/T 2639—2014		稻米直链淀粉的测定　分光光度法	中国水稻研究所、农业部稻米及制品质量监督检验测试中心	本标准规定了稻米直链淀粉的分光光度测定方法。 本标准适用于稻米直链淀粉的测定，不适用于熟化稻米直链淀粉的测定。

1.5　经济作物及产品

标准号	替代标准	标准名称	起草单位	范　　围
NY/T 2627—2014		标准果园建设规范　柑橘	全国农业技术推广服务中心、重庆市农业技术推广总站	本标准规定了柑橘园地要求、栽培管理、采后处理、产品要求、组织与质量管理等内容。 本标准适用于柑橘标准果园建设。
NY/T 2628—2014		标准果园建设规范　梨	全国农业技术推广服务中心、重庆市农业技术推广总站	本标准规定了梨园地要求、栽培管理、采后处理、产品要求、质量控制等内容。 本标准适用于梨标准果园建设。

（续）

标准号	替代标准	标准名称	起草单位	范　　围
NY/T 2633—2014		长江流域棉花轻简化栽培技术规程	安徽省农业科学院棉花研究所、安徽中棉种业长江有限责任公司	本标准规定了长江流域棉花轻简化栽培的目标、种植模式、品种和种植密度、韶华育苗移栽或机械直播、简化施肥、全程化学调控、全程化学除草、病虫害防治、整枝与打顶、收获、棉花秸秆机械粉碎还田等技术。 本标准适用于长江流油棉连作、麦棉连作两熟制棉田。
NY/T 2635—2014		苎麻纤维拉伸断裂强度试验方法	中国农业科学院麻类研究所、农业部麻类产品质量监督检验测试中心	本标准规定了苎麻纤维及束纤维拉伸断裂强度试验方法。 本标准适用于苎麻纤维拉伸断裂强度的测定。
NY/T 2636—2014		温带水果分类和编码	中国农业科学院果树研究所、农业部果品及苗木质量监督检验测试中心（兴城）	本标准规定了温带水果的分类和编码。 本标准适用于温带水果生产、贸易、物流、管理和统计，不适于温带水果的植物学或农艺学分类。

（续）

标准号	替代标准	标准名称	起草单位	范　　围
NY/T 2637—2014		水果和蔬菜可溶性固形物含量的测定　折射仪法	中国农业科学院果树研究所、农业部果品及苗木质量监督检验测试中心（兴城）	本标准规定了水果和蔬菜可溶性固形物含量测定的折射仪法。 本标准适用于水果和蔬菜可溶性固形物含量的测定。
NY/T 2640—2014		植物源性食品中花青素的测定　高效液相色谱法	四川省农业科学院分析测试中心、农业部食品质量监督检验测试中心（成都）、浙江省农业科学院农产品质量标准研究所	本标准规定了植物源性食品中的飞燕草色素、矢车菊色素、矮牵牛色素、天竺葵色素、芍药素和锦葵色素共6种花青素的高效液相色谱测定方法。 本标准适用于植物源性食品中花青素含量的测定。 本标准的检出限：以称样量为1g，定容体积为50mL计，飞燕草色素、矢车菊色素、天竺葵色素、芍药素和锦葵色素5种花青素的检出限均0.15mg/kg；矮牵牛色素的检出限为0.5mg/kg。同样条件下定量限：飞燕草色素、矢车菊色素、天竺葵色素、芍药素和锦葵色素5种花青素的检出限均0.5mg/kg；矮牵牛色素为1.5mg/kg。

（续）

标准号	替代标准	标准名称	起草单位	范　　围
NY/T 2641—2014		植物源性食品中白藜芦醇和白藜芦醇苷的测定　高效液相色谱法	四川省农业科学院分析测试中心、农业部食品质量监督检验测试中心（成都）标准研究所	本标准规定了植物源性食品中白藜芦醇及白藜芦醇苷的高效液相色谱测定方法。 本标准适用于植物源性食品中白藜芦醇及白藜芦醇苷含量的测定。 本标准白藜芦醇及白藜芦醇苷的检出限均为 1.0mg/kg，定量限均为 3.0mg/kg。
NY/T 2642—2014		甘薯等级规格	河南省农业科学院农业质量标准与检测技术研究中心、农业部农产品质量监督检验测试中心（郑州）	本标准规定了甘薯等级规格的要求、抽样、评定方法、包装、标识和贮运规定。 本标准适用于鲜食甘薯（*Ipomoea batatas* Lam）的分等分级。
NY/T 2643—2014		大蒜及制品中蒜素的测定　高效液相色谱法	河南省农业科学院农业质量标准与检测技术研究中心、农业部农产品质量监督检验测试中心（郑州）	本标准规定了大蒜及制品（蒜粉、蒜片）中蒜素（二烯丙基硫代亚磺酸酯）含量的高效液相色谱测定方法。 本标准适用于大蒜及制品（蒜粉、蒜片）中二烯丙基硫代亚磺酸酯含量的测定。 本标准方法的检出限：最低检出量为 50ng，用于色谱分析的试样质量为 3g 时，最低检出浓度为 16.7mg/kg。

（续）

标准号	替代标准	标准名称	起草单位	范　　围
NY/T 2648—2014		剑麻纤维加工技术规程	农业部剑麻及制品质量监督检验测试中心、广东省东方剑麻集团有限公司、广西剑麻集团有限公司、广东省湛江农垦第二机械厂	本标准规定了剑麻叶片加工成纤维全过程的技术要求与方法。 本标准适用于从剑麻叶片中获取干纤维的机械化加工。
NY/T 2650—2014		泡椒类食品辐照杀菌技术规范	中国农业科学院农产品加工研究所、农业部辐照产品质量监督检验测试中心、北京农业职业学院、江苏省农业科学院农业设施和装备研究所、四川省原子能研究院、江苏里下河地区农业科学研究所、重庆市辣媳妇志昌食品有限公司、四川奎克生物科技有限公司	本标准规定了泡椒类食品辐照杀菌的术语和定义、辐照前要求、辐照工艺、辐照后产品质量、微生物检验方法、标识、重复辐照、贮存与运输等要求。 本标准适用于以畜禽肉及制品、豆制品、蔬菜为主要原料，辅以泡椒经整理、煮制、泡制、包装等工艺加工而成的预包装食品的辐照杀菌。

（续）

标准号	替代标准	标准名称	起草单位	范　　围
NY/T 2651—2014		香辛料辐照质量控制技术规范	中国农业科学院农产品加工研究所、农业部辐照产品质量监督检验测试中心、江苏省农业科学院太阳能农业利用研究所、北京农业质量标准与检测技术研究中心	本标准规定了香辛料及制品辐照质量控制的术语和定义、辐照前要求、辐照、辐照后质量要求、检验方法、标识和贮存与运输要求。 本标准适用于香辛料辐照加工质量控制。
NY/T 2655—2014		加工用宽皮柑橘	中国农业科学院（西南大学）柑橘研究所、浙江台州一罐食品有限公司、海南省农业厅经济作物处、浙江省农业科学院食品科学研究所	本标准规定了用于加工橘片罐头、汁胞（囊胞）、橘汁等宽皮柑橘的品种、质量要求、检验方法、检验规则、包装、运输和贮存条件。 本标准适用于加工用宽皮柑橘的生产、贮运与购销。

2 畜牧兽医

2.1 动物检疫、兽医与疫病防治、畜禽场环境

标准号	替代标准	标准名称	起草单位	范　　围
NY/T 2661—2014		标准化养殖场　生猪	中山大学、全国畜牧总站	本标准规定了标准化生猪养殖场的基本要求、选址与布局、生产设施设备、管理与防疫、废弃物处理和生产水平等。 本标准适用于商品肉猪规模养殖场的标准化生产。
NY/T 2662—2014		标准化养殖场　奶牛	中国农业大学、山东农业大学、河北农业大学、中博农畜牧科技股份有限公司	本标准规定了奶牛标准化养殖场的基本要求、选址与布局、生产设施设备、管理与防疫、废弃物处理、生产水平和质量安全等。 本标准适用于奶牛规模养殖场的标准化生产。
NY/T 2663—2014		标准化养殖场　肉牛	中国农业大学、吉林农业大学、泌阳县夏南牛开发有限公司、山东绿润食品有限公司	本标准规定了肉牛标准化肥育场的基本要求、选址与布局、生产设施设备、管理与防疫、废弃物处理和生产水平等。 本标准适用于肉牛肥育场的标准化生产。

（续）

标准号	替代标准	标准名称	起草单位	范　　围
NY/T 2664—2014		标准化养殖场　蛋鸡	中国农业大学	本标准规定了蛋鸡标准化养殖场的基本要求、选址与布局、生产设施设备、管理与防疫、废弃物处理及生产水平等。 本标准适用于商品蛋鸡规模养殖场的标准化生产。
NY/T 2665—2014		标准化养殖场　肉羊	中国农业科学院北京畜牧兽医研究所、重庆市畜牧科学院、塔里木大学、河南科技大学	本标准规定了肉羊标准化肥育场的基本要求、选址与布局、生产设施设备、管理与防疫、废弃物处理和生产水平等。 本标准适用于肉羊规模养殖场的标准化生产。
NY/T 2666—2014		标准化养殖场　肉鸡	中国农业科学院北京畜牧兽医研究所、安徽五星食品有限公司、山东省农业科学院家禽研究所、河北飞龙家禽育种有限公司	本标准规定了标准化肉鸡养殖场的基本要求、选址与布局、生产设施设备、管理与防疫、废弃物处理和生产水平等。 本标准适用于商品肉鸡规模养殖场的标准化生产。

2.2 畜禽及其产品

标准号	替代标准	标准名称	起草单位	范　　围
NY/T 2547—2014		生鲜乳中黄曲霉毒素 M_1 筛查技术规程	中国农业科学院油料作物研究所、中国农业科学院北京畜牧兽医研究所、农业部油料及制品质量监督检验测试中心	本标准规定了生鲜乳中黄曲霉毒素 M_1 筛查技术规程。 本标准适用于生鲜乳中黄曲霉毒素 M_1 的时间分辨免疫层析法的筛查。
NY/T 2649—2014		蜂王幼虫和蜂王幼虫冻干粉	中国农业科学院蜜蜂研究所	本标准规定了蜂王幼虫和蜂王幼虫冻干粉的定义、技术要求、试验方法、包装和标识要求等内容。 本标准适用于蜂王幼虫和蜂王幼虫冻干粉的生产、加工和检验。
NY/T 2653—2014		骨素加工技术规范	中国农业科学院农产品加工研究所、上海本优机械设备有限公司、白象食品股份有限公司、雏鹰农牧集团股份有限公司、鹤壁普乐泰生物科技有限公司、内蒙古蒙都羊业食品、中国肉类食品综合研究中心、漯河双汇生物工程技术有限公司	本标准规定了骨素的定义、分类和加工过程中原料贮存、前处理、提取、过滤、分离、浓缩、干燥、调和、杀菌、灌装、标签、标识、运输和贮存等工序的加工技术要求。 本标准适用于以畜禽骨和鱼骨为原料生产的骨素产品。

（续）

标准号	替代标准	标准名称	起草单位	范围
NY/T 2659—2014		牛乳脂肪、蛋白质、乳糖、总固体的快速测定 红外光谱法	农业部乳品质量监督检验测试中心（哈尔滨）	本标准规定了牛乳脂肪、蛋白质、乳糖、总固体的牛乳红外光谱仪快速测定方法。 本标准适用于牛乳脂肪、蛋白质、乳糖、总固体的快速测定。 本标准各组分检出限为0.01g/100g。
NY/T 2660—2014		肉牛生产性能测定技术规范	中国农业科学院北京畜牧兽医研究所、全国畜牧总站	本标准规定了肉牛主要生产性能测定的性状与方法。 本标准适用于肉牛生产与经营中的性能测定。

2.3 畜禽饲料与添加剂

标准号	替代标准	标准名称	起草单位	范围
NY/T 2548—2014		饲料中黄曲霉毒素 B_1 的测定 时间分辨荧光免疫层析法	中国农业科学院油料作物研究所、农业部油料及制品质量监督检验测试中心	本标准规定了时间分辨荧光免疫层析法测定饲料中黄曲霉毒素 B_1 的方法。 本标准适用于饲料和饲料原料中黄曲霉毒素 B_1 的测定。 本标准黄曲霉毒素 B_1 检出限为 0.30μg/kg。

（续）

标准号	替代标准	标准名称	起草单位	范　　围
NY/T 2549—2014		饲料中黄曲霉毒素 B_1 的测定　免疫亲和荧光光度法	中国农业科学院油料作物研究所、农业部油料及制品质量监督检验测试中心	本标准规定了免疫亲和荧光光度法测定饲料中黄曲霉毒素 B_1 的方法。 本标准适用于饲料和饲料原料中黄曲霉毒素 B_1 的测定。 本标准黄曲霉毒素 B_1 检出限为 0.3μg/kg。
NY/T 2550—2014		饲料中黄曲霉毒素 B_1 的测定　胶体金法	中国农业科学院油料作物研究所、农业部油料及制品质量监督检验测试中心	本标准规定了胶体金法测定饲料中黄曲霉毒素 B_1 的方法。 本标准适用于饲料和饲料原料中黄曲霉毒素 B_1 的测定。 本标准黄曲霉毒素 B_1 检出限为 1.0μg/kg。
NY/T 2656—2014		饲料中罗丹明 B 和罗丹明 6G 的测定　高效液相色谱法	中国农业科学院农业质量标准与检测技术研究所	本标准规定了饲料中罗丹明 B 和罗丹明 6G 的高效液相色谱测定法。 本标准适用于配合饲料、浓缩饲料、添加剂预混合饲料中饲料中罗丹明 B 和罗丹明 6G 的测定。 本标准的定量限为 1μg/kg。

（续）

标准号	替代标准	标准名称	起草单位	范　　围
NY/T 2657—2014		草种质资源繁殖更新技术规程	全国畜牧总站、中国农业科学院北京畜牧兽医研究所、中国农业科学院草原研究所	本标准规定了草种质资源繁殖更新的技术、方法和质量要求。 本标准适用于草种质资源的繁殖更新。
NY/T 2658—2014		草种质资源描述规范	全国畜牧总站、中国农业科学院北京畜牧兽医研究所、中国农业科学院草原研究所	本标准规定了草种质资源的描述符。 本标准适用于草种质资源的收集、保存、评价和繁殖更新。
农业部 2086 号公告—1—2014		饲料中左炔诺孕酮的测定　高效液相色谱法	北京市饲料监察所	本标准规定了饲料中左炔诺孕酮含量测定的高效液相色谱法。 本标准适用于配合饲料、浓缩饲料、添加剂预混合饲料、精料补充料中左炔诺孕酮含量的测定。 本方法的检测限为 0.1mg/kg，定量限为 0.3mg/kg。

（续）

标准号	替代标准	标准名称	起草单位	范　　围
农业部 2086 号公告—2—2014		饲料中醋酸氯地孕酮的测定　高效液相色谱法	北京市兽药监察所、北京市饲料监察所	本标准规定了饲料中醋酸氯地孕酮含量测定的高效液相色谱法。 本标准适用于配合饲料、浓缩饲料、添加剂预混合饲料、精料补充料中醋酸氯地孕酮含量的测定。 本方法检测限为 0.1mg/kg，定量限为 0.2mg/kg。
农业部 2086 号公告—3—2014		饲料中匹莫林的测定　高效液相色谱法	河南省兽药监察所	本标准规定了饲料中匹莫林含量测定的高效液相色谱法。 本标准适用于配合饲料、浓缩饲料、添加剂预混合饲料和精料补充料中匹莫林的测定。 本方法检测限为 1.0mg/kg，定量限为 2.0mg/kg。

（续）

标准号	替代标准	标准名称	起草单位	范　围
农业部 2086 号公告—4—2014		饲料中氟喹诺酮类药物的测定　液相色谱-串联质谱法	中国农业大学动物医学院	本标准规定了饲料中氟喹诺酮类药物含量测定的液相色谱-串联质谱法。 本标准适用于配合饲料、浓缩饲料、添加剂预混合饲料和精料补充料中盐酸环丙沙星、恩诺沙星、诺氟沙星、氧氟沙星、甲磺酸达氟沙星、盐酸沙拉沙星含量的测定。 本方法在配合饲料、浓缩饲料、添加剂预混合饲料和精料补充料中 6 种药物的检测限为 60.0μg/kg，定量限为 200.0μg/kg。
农业部 2086 号公告—5—2014		饲料中卡巴氧、乙酰甲喹、喹烯酮和喹乙醇的测定　液相色谱-串联质谱法	中国农业大学动物医学院、中国饲料工业协会、新希望六和股份有限公司	本标准规定了饲料中卡巴氧、乙酰甲喹、喹烯酮和喹乙醇含量测定的液相色谱-串联质谱法。 本标准适用于配合饲料、浓缩饲料、精料补充料和添加剂预混合饲料中卡巴氧、乙酰甲喹、喹烯酮和喹乙醇含量的测定。 本方法检测的 4 种药物在配合饲料和浓缩饲料中检测限均为 0.06mg/kg，定量限均为 0.20mg/kg；精料补充料和添加剂预混合饲料中检测限均为 0.15mg/kg，定量限均为 0.40mg/kg。

（续）

标准号	替代标准	标准名称	起草单位	范　　围
农业部 2086 号公告—6—2014		饲料中硫酸黏杆菌素的测定　液相色谱-串联质谱法	中国农业大学动物医学院	本标准规定了饲料中硫酸黏杆菌素含量测定的液相色谱-串联质谱方法。 本标准适用于配合饲料、浓缩饲料、添加剂预混合饲料中硫酸黏杆菌素含量的测定。 本方法硫酸黏杆菌素的检测限为 0.01mg/kg，定量限为 0.03mg/kg。
农业部 2086 号公告—7—2014		饲料中大观霉素的测定	北京市饲料监察所	本标准规定了饲料中大观霉素含量测定的高效液相色谱法和高效液相色谱-串联质谱法。 本标准高效液相色谱法适用于配合饲料中大观霉素的测定；高效液相色谱-串联质谱法适用于配合饲料、浓缩饲料、添加剂预混合饲料、精料补充料中大观霉素的测定。 高效液相色谱法检测限为 2.0mg/kg，定量限为 5.0mg/kg；高效液相色谱-串联质谱法检测限为 1.0mg/kg，定量限为 2.0mg/kg。

3 渔业

3.1 水产养殖

标准号	替代标准	标准名称	起草单位	范　围
SC/T 1119—2014		乌鳢　亲鱼和苗种	中国水产科学研究院长江水产研究所	本标准规定了乌鳢（*Channa argus* Cantor）亲鱼和苗种的来源、质量要求、检验方法、检验规则及运输要求。 本标准适用于乌鳢亲鱼和苗种的质量评定。
SC/T 1120—2014		奥利亚罗非鱼　苗种	中国水产科学研究院淡水渔业研究中心	本标准规定了奥利亚罗非鱼（*Oreochromis aureus*）鱼苗、鱼种的来源、质量要求、苗种计数方法、包装运输、检验方法和检验规则。 本标准适用于奥利亚罗非鱼鱼苗、鱼种的质量评定。
SC/T 2004—2014	SC/T 2004.1—2000，SC/T 2004.2—2000	皱纹盘鲍　亲鲍和苗种	中国水产科学研究院黄海水产研究所	本标准规定了皱纹盘鲍（*Haliotis discus hannai*）亲鲍和苗种的术语和定义、来源、质量要求、检验方法、检验规则和包装运输要求。 本标准适用于皱纹盘鲍亲鲍及苗种的质量评定。

（续）

标准号	替代标准	标准名称	起草单位	范　　围
SC/T 2044—2014		卵形鲳鲹　亲鱼和苗种	中国水产科学研究院南海水产研究所	本标准规定了卵形鲳鲹（*Trachinotus ovatus*）亲鱼和苗种的来源、规格、质量要求、检验方法和检验规则。 本标准适用于卵形鲳鲹亲鱼和苗种的质量评定。
SC/T 2045—2014		许氏平鲉　亲鱼和苗种	中国水产科学研究院黄海水产研究所、山东省海水养殖研究所	本标准规定了许氏平鲉（*Sebastes schlegelii*）亲鱼和苗种的规格、质量要求、检验方法和检验规则。 本标准适用于许氏平鲉亲鱼和苗种的质量评定。
SC/T 2046—2014		石鲽　亲鱼和苗种	中国水产科学研究院黄海水产研究所、威海市环翠区海洋与渔业研究所	本标准规定了石鲽（*Kareius bicoloratus*）亲鱼和苗种的来源、规格、质量要求、检验方法、检验规则和运输要求。 本标准适用于石鲽养殖中的亲鱼和苗种的质量评定。

（续）

标准号	替代标准	标准名称	起草单位	范　围
SC/T 2057—2014		青蛤　亲贝和苗种	中国水产科学研究院东海水产研究所	本标准规定了青蛤（*Cyclina sinensis*）亲贝和苗种的来源、质量要求、检验方法、检验规则和包装与运输方法。 本标准适用于青蛤亲贝和苗种的质量评定、包装与运输要求。
SC/T 2058—2014		菲律宾蛤仔　亲贝和苗种	大连海洋大学、中国科学院海洋研究所	本标准规定了菲律宾蛤仔（*Ruditapes philippinarum*）亲贝和苗种的术语和定义、亲贝和苗种的质量要求、检验方法、检验规则和运输要求。 本标准适用于菲律宾蛤仔亲贝和苗种的质量评定。
SC/T 2059—2014		海蜇　苗种	中国海洋大学、中国水产科学院黄海水产研究所、山东省海洋渔业捕捞生产管理	本标准规定了海蜇（*Rhopilema esculentum*）苗种的规格、质量要求、检验方法、判定规则和运输方法。 本标准适用于海蜇苗种的质量判定。

（续）

标准号	替代标准	标准名称	起草单位	范　围
SC/T 2060—2014		花鲈　亲鱼和苗种	中国海洋大学	本标准规定了花鲈（*Lateolabrax maculates*）亲鱼和苗种、检验方法、检验规则要求。 本标准适用于花鲈养殖中亲鱼和苗种的质量评定。
SC/T 2061—2014		裙带菜　种藻和苗种	中国水产科学研究院黄海水产研究所	本标准规定了裙带菜（*Undaria pinnati fida*）种藻和苗种的分类与质量要求、检验方法、检验规则以及运输要求。 本标准适用于裙带菜种藻和苗种的质量检验与评定。
SC/T 2062—2014		魁蚶　亲贝	中国水产科学研究院黄海水产研究所	本标准规定了魁蚶（*Scapharca broughtonii*）亲贝的来源、质量要求、检验方法、检验规则和包装运输要求。 本标准适用于魁蚶亲贝的质量评定。

（续）

标准号	替代标准	标准名称	起草单位	范　围
SC/T 2063—2014		条斑紫菜　种藻和苗种	中国水产科学研究院黄海水产研究所、江苏省紫菜协会、常熟理工学院	本标准规定了条斑紫菜（*Porphyra yezoensis*）种藻和苗种的来源、质量要求、检验方法以及运输要求。 本标准适用于条斑紫菜种藻和人工丝状体苗种的质量判定。
SC/T 2064—2014		坛紫菜　种藻和苗种	中国水产科学研究院黄海水产研究所、江苏省紫菜协会	本标准规定了坛紫菜（*Porphyra haitanensis*）种藻和苗种的来源、质量要求、检验方法以及运输要求。 本标准适用于坛紫菜种藻和人工培育苗种的质量判定。
SC/T 2066—2014		缢蛏　亲贝和苗种	浙江省海洋水产养殖研究所	本标准规定了缢蛏（*Sinonovacula constricta*）亲贝和苗种的术语和定义、来源、质量要求、检验方法、检验规则以及包装运输。 本标准适用于缢蛏的亲贝和苗种的质量评定。

(续)

标准号	替代标准	标准名称	起草单位	范　围
SC/T 2071—2014		马氏珠母贝	广西壮族自治区水产研究所	本标准给出了马氏珠母贝（*Pinctada martensii* Dunker，1850）主要形态构造特征、生长与繁殖、细胞遗传学特征、检测方法和判定规则。 本标准适用于马氏珠母贝的种质检测和鉴定。
SC/T 3043—2014		养殖水产品可追溯标签规程	中国水产科学研究院、北京农业信息技术研究中心	本标准规定了养殖水产品追溯标签的术语和定义、技术内容与技术参数、标签材质、标签印制与使用等。 本标准适用于养殖水产品可追溯标签生成、印制与使用，不适用于电子标签。
SC/T 3044—2014		养殖水产品可追溯编码规程	中国水产科学研究院、北京农业信息技术研究中心	本标准规定了养殖水产品追溯编码的术语和定义、编码规则、编码结构和数据载体。 本标准适用于养殖水产品追溯编码的编制。

（续）

标准号	替代标准	标准名称	起草单位	范　　围
SC/T 3045—2014		养殖水产品可追溯信息采集规程	中国水产科学研究院、北京农业信息技术研究中心	本标准规定了养殖水产品可追溯信息采集的术语和定义、信息记录和采集的要求、信息的分类和信息记录内容要求以及生产记录和信息采集细则。 本标准适用于水产养殖生产单位对本组织可追溯体系的设计和实施，政府行政监管追溯信息系统建立可参照执行。
SC/T 3048—2014		鱼类鲜度指标K值的测定　高效液相色谱法	福建省水产研究所、南海水产研究所、农业部渔业产品质量监督检验测试中心（厦门）、北京市水产技术推广站	本标准规定了鱼类鲜度指标K值的高效液相色谱测定方法。 本标准适用于鱼类可食部分中鲜度指标K值的测定。
SC/T 9412—2014		水产养殖环境中扑草净的测定　气相色谱法	中国水产科学研究院南海水产研究所、农业部渔业环境及水产品质量监督检验测试中心（广州）	本标准规定了水产养殖环境中扑草净的制样和气相色谱测定方法。 本标准适用于水产养殖水体和底质中扑草净的测定。

标准号	替代标准	标准名称	起草单位	范　　围
SC/T 9413—2014		水生生物增殖放流技术规范　大黄鱼	浙江省海洋水产研究所	本标准规定了大黄鱼（*Larimichthys crocea*）增殖放流的海域条件、本底调查、放流苗种质量、检验、放流操作、苗种保护与监测、效果评价等技术要求。 本标准适用于大黄鱼的增殖放流。
SC/T 9414—2014		水生生物增殖放流技术规范　大鲵	中国水产科学研究院长江水产研究所	本标准规定了大鲵（*Andrias davidianus*）增殖放流的区域与环境条件、苗种供应单位的条件、放流规格与数量、苗种质量要求、放流群体的检验检疫、放流时间与计数验收、放流结果的检测与评估等技术要点。 本标准适用于大鲵的增殖放流。
SC/T 9415—2014		水生生物增殖放流技术规范　三疣梭子蟹	烟台大学、山东省海洋捕捞生产管理站	本标准规定了三疣梭子蟹（*Portunus trituberculatus*）增殖放流的海域条件、本底调查，放流物种质量、检验、放流时间、放流操作，放流资源保护与监测、效果评价等技术要求。 本标准适用于三疣梭子蟹增殖放流。

（续）

标准号	替代标准	标准名称	起草单位	范　围
SC/T 9416—2014		人工鱼礁建设技术规范	大连海洋大学	本标准规定了海洋人工鱼礁建设的选址、设计、制作、设置、效果调查与评价、维护与管理。 本标准适用于海洋人工鱼礁建设。

3.2　水产品

标准号	替代标准	标准名称	起草单位	范　围
SC/T 1114—2014		大鲵	中国水产科学研究院长江水产研究所	本标准给出了大鲵（*Andrias davidianus*）主要形态构造特征、生长与繁殖、遗传学特性及检测方法。 本标准适用于大鲵的种质检测与鉴定。
SC/T 1117—2014		施氏鲟	中国水产科学研究院黑龙江水产研究所	本标准规定了施氏鲟［*Acipenser schrenckii*（Brandt）］的主要生物学特征、生长与繁殖、遗传生物学特性及检测方法。 本标准适用于施氏鲟的种质检测与鉴定。

（续）

标准号	替代标准	标准名称	起草单位	范　　围
SC/T 1118—2014		广东鲂	中国水产科学研究院珠江水产研究所	本标准规定了广东鲂（*Megalobrama hoffmanni* Herre et Myers，1931）的主要形态构造特征、生长与繁殖、遗传学特性及检测方法。 本标准适用于广东鲂的种质检测与鉴定。
SC/T 2065—2014		缢蛏	中国海洋大学、中国水产科学研究院	本标准给出了缢蛏（*Sinonovacula constricta* Lamarck，1818）的主要形态构造、生长与繁殖特征、遗传学特性、检测方法和判定规则。 本标准适用于缢蛏的种质检测与鉴定。
SC/T 2067—2014		许氏平鲉	中国海洋大学、中国水产科学研究院	本标准给出了许氏平鲉（*Sebastes schlegelii* Hilgendorf，1880）的主要形态构造、生长与繁殖、细胞遗传学和生化遗传学特性以及检测方法。 本标准适用于许氏平鲉种质的检测和鉴定。

（续）

标准号	替代标准	标准名称	起草单位	范　　围
SC/T 3122—2014		冻鱿鱼	浙江省海洋开发研究院、中国水产科学研究院南海水产研究所、浙江兴业集团有限公司	本标准规定了冻鱿鱼的分类、要求、试验方法、检验规则、标识、包装、运输和贮存。 本标准适用于以枪乌贼科（Loliginidae）、柔鱼科（Ommastrephidae）等鲜品为原料，经加工的冻整只鱿鱼、冻鱿鱼胴体、冻带（去）皮开片鱿鱼和其他加工工艺的生冻鱿鱼及其制品。
SC/T 3215—2014	SC/T 3215—2007	盐渍海参	中国水产科学研究院黄海水产研究所、大连棒棰岛海产股份有限集团、獐子岛集团股份有限公司、大连市海洋渔业协会、大连海洋岛水产集团股份有限公司、大连财神岛集团有限公司、国家水产品质量监督检验中心	本标准规定了盐渍海参的要求、试验方法、检验规则及标签、包装、运输、贮存。 本标准适用于以鲜、活刺参（*Stichepus japonicus*）为原料，经去内脏、清洗、预煮、盐渍等工艺制成的产品。以其他品种海参为原料加工的产品可参照执行。

（续）

标准号	替代标准	标准名称	起草单位	范　　围
SC/T 3307—2014		冻干海参	中国水产科学研究院黄海水产研究所、大连棒棰岛海产股份有限公司、大连市海洋渔业协会、大连海洋岛水产集团股份有限公司、大连财神岛集团有限公司、青岛佳日隆海洋食品有限公司、国家水产品质量监督检验中心	本标准规定了冻干海参的要求、试验方法、检验规则及标签、包装、运输、贮存。 本标准适用于以鲜活刺参（*Stichepus japonicus*）、冷冻刺参、盐渍刺参等为原料，经真空冷冻干燥等工序制成的产品；以其他品种海参为原料加工的产品可参照执行。
SC/T 3308—2014		即食海参	中国水产科学研究院黄海水产研究所、大连棒棰岛海产股份有限公司、獐子岛集团股份有限公司、大连市海洋渔业协会、山东好当家海洋发展股份有限公司、国家水产品质量监督检验中心	本标准规定了即食海参的产品形式、要求、试验方法、检验规则及标签、包装、运输与贮存。 本标准适用于以鲜活刺参（*Stichepus japonicus*）、冷冻刺参、盐渍刺参、干刺参等为原料，经加工制成的即食产品；以其他品种海参为原料制成的即食海参可参照执行。

（续）

标准号	替代标准	标准名称	起草单位	范　　围
SC/T 3702—2014		冷冻鱼糜	中国水产科学研究院黄海水产研究所、福建安井食品股份有限公司、浙江龙生水产制品有限公司、宁波大学、国家水产品质量监督检验中心	本标准规定了冷冻鱼糜的术语和定义、要求、试验方法、检验规则、标识、包装、运输、贮存等。 本标准适用于以鱼类为原料，经去头、去内脏、采肉、漂洗、精滤、脱水、混合、速冻等工序生产的产品。
SC/T 5701—2014		金鱼分级　狮头	中国水产科学研究院珠江水产研究所	本标准规定了金鱼中狮头品种的分级要求和等级判定。 本标准适用于狮头金鱼的分级及检验。
SC/T 5702—2014		金鱼分级　琉金	中国水产科学研究院珠江水产研究所	本标准规定了金鱼中琉金品种的分级要求和等级判定。 本标准适用于琉金金鱼的分级及检验。

（续）

标准号	替代标准	标准名称	起草单位	范　　围
SC/T 5703—2014		锦鲤分级　红白类	北京市水产科学研究所	本标准规定了锦鲤 Koi carp（*Cyprinus carpio* L.）中红白类品种的分级要求、检测方法及等级判定。 本标准适用于锦鲤中红白类品种的分级。

3.3　渔药及疾病检疫

标准号	替代标准	标准名称	起草单位	范　　围
SC/T 7217—2014		刺激隐核虫病诊断规程	中国水产科学研究院长江水产研究所	本标准规定了刺激隐核虫病临床症状检查、刺激隐核虫（*Cryptocaryon irritans*）形态学鉴定和聚合酶链式反应（PCR）检测的方法。 本标准适用于刺激隐核虫病的流行病学调查、诊断、检疫和监测。

3.4 渔船设备

标准号	替代标准	标准名称	起草单位	范围
SC/T 5001—2014	SC/T 5001—1995	渔具材料基本术语	中国水产科学研究院东海水产研究所、农业部绳索网具产品质量监督检验测试中心和威海好运通网具科技有限公司	本标准规定了渔具材料及其有关性能与测试、外观疵点的基本术语的定义。 本标准适用于我国渔业生产、科研、检测、教育及其出版物中的渔具材料用语。
SC/T 5005—2014	SC/T 5005—1988	渔用聚乙烯单丝	中国水产科学研究院东海水产研究所、威海好运通网具科技有限公司	本标准规定了渔用聚乙烯单丝的术语和定义、产品标记、技术要求、试验方法、检验规则、标志、包装、运输和贮存。 本标准适用于以高密度聚乙烯为原料制成的直径为 0.16 mm～0.24 mm 的渔用聚乙烯单丝。
SC/T 5006—2014	SC/T 5006—1983	聚酰胺网线	中国水产科学研究院东海水产研究所、威海好运通网具科技有限公司	本标准规定了聚酰胺网线的术语和定义、标记、要求、试验方法、检验规则、标志、包装、运输和贮存。 本标准适用于采用线密度为 23 tex 的聚酰胺长丝捻制而成的聚酰胺网线。

（续）

标准号	替代标准	标准名称	起草单位	范　　围
SC/T 5011—2014	SC/T 5011—1988	聚酰胺绳	中国水产科学研究院东海水产研究所、农业部绳索网具产品质量监督检验测试中心，浙江四兄绳业有限公司	本标准规定了由聚酰胺纤维制成用于所有设施的三股聚酰胺捻绳、四股聚酰胺捻绳和八股聚酰胺编绞绳的要求，并给出了它们的标记规范。 本标准适用于公称直径为 4mm～160mm 的三股聚酰胺捻绳、公称直径为 10mm～160mm 的四股聚酰胺捻绳、公称直径为 12mm～160mm 的八股聚酰胺编绞绳。
SC/T 5031—2014	SC/T 5031—2006	聚乙烯网片　绞捻型	中国水产科学研究院东海水产研究所、湛江海宝渔具发展有限公司	标准规定了聚乙烯绞捻型网片的术语和定义、标记、要求、试验方法、检验规则、标志、标签、包装、运输和贮存。 本标准适用于以聚乙烯为原料、单丝线密度为 42tex 和 44tex 的机织的绞捻型网片。
SC/T 6079—2014		渔业行政执法船舶通信设备配备要求	农业部南海区渔政局、广东海洋大学	本标准规定了渔业行政执法船舶通信设备配备的基本要求。 本标准适用于海洋渔业行政执法船舶；内陆渔业行政执法船舶可参照执行。

4 农垦

4.1 热作产品

标准号	替代标准	标准名称	起草单位	范围
NY/T 120—2014	NY/T 120—1989	饲料用木薯干	中国热带农业科学院热带作物品种资源研究所	本标准规定了饲料用木薯干的要求、试验方法、检验规则、包装、标签、运输和贮存。 本标准适用于以鲜木薯为原料生产的饲料用木薯干。
NY/T 1402.1—2014	NY/T 1402.1—2007	天然生胶　蓖麻油含量的测定　第1部分：蓖麻油甘油酯含量的测定　薄层色谱法	中国热带农业科学院农产品加工研究所、农业部食品质量监督检验测试中心（湛江）、国家橡胶及乳胶制品质量监督检验中心	本部分规定了用于测定天然生胶的蓖麻油和蓖麻油甘油酯含量的薄层色谱法。 本部分适用于所有等级的天然生胶。本部分规定的方法对于蓖麻油甘油酯的最低检测限量的质量分数约为0.05%。
NY/T 2552—2014		能源木薯等级规格　鲜木薯	中国热带农业科学院热带作物品种资源研究所	本标准规定了能源木薯（*Manihot esculenta* Crantz）鲜薯块根的有关定义、分类分级标准、试验方法和检验规则以及标签、运输和贮存的要求。 本标准适用于能源木薯鲜薯块根。

（续）

标准号	替代标准	标准名称	起草单位	范　　围
NY/T 2554—2014		生咖啡　贮存和运输导则	中国热带农业科学院农产品加工研究所、云南省德宏热带农业科学研究所	本标准给出了生咖啡贮存和运输的指南，规定了国际贸易中袋装和大袋装、散装和仓贮的生咖啡（也称生咖啡豆）最大限度地降低动物危害、污染及质量恶化风险的条件，适用于从出口包装直至抵达进口国期间的生咖啡。 注：大袋用现代柔性塑料纤维编织，能够容纳约 1 000 L 松散咖啡豆。

4.2　热作加工机械

标准号	替代标准	标准名称	起草单位	范　　围
NY/T 339—2014	NY/T 339—1998	天然橡胶初加工机械　手摇压片机	中国热带农业科学院农业机械研究所、农业部热带作物机械质量监督检验测试中心	本标准规定了天然橡胶初加工机械手摇压片机的术语和定义、型号规格和主要技术参数、技术要求、试验方法、检验规则及标志、包装、运输与贮存要求。 本标准适用于天然橡胶初加工机械手摇压片机。

4.3 热作种子种苗栽培

标准号	替代标准	标准名称	起草单位	范　　围
NY/T 233—2014	NY/T 233—1994	龙舌兰麻纤维及制品术语	中国热带农业科学院南亚热带作物研究所、广东省东方剑麻集团有限公司	本标准规定了龙舌兰麻纤维及制品的术语。 本标准适用于编写有关标准、技术文件、教材、书刊和翻译专业手册等。
NY/T 2551—2014		红掌　种苗	中国热带农业科学院热带作物品种资源研究所	本标准规定了红掌（*Anthurium* spp.）种苗相关的术语和定义、要求、试验方法、检验规则、包装、运输和贮存。 本标准适用于红掌组培种苗的生产及贸易。
NY/T 2553—2014		椰子　种苗繁育技术规程	中国热带农业科学院椰子研究所、国家重要热带作物工程技术研究中心	本标准规定了椰子（*Cocos nucifera* L.）种苗繁育技术相关的术语和定义、种果选择、催芽、苗圃建设和苗圃管理。 本标准适用于椰子种苗繁育。

（续）

标准号	替代标准	标准名称	起草单位	范　　围
NY/T 2667.1—2014		热带作物品种审定规范 第1部分：橡胶树	中国热带农业科学院橡胶研究所、中国农垦经济发展中心	本部分规定了橡胶树（*Hevea brasiliensis* Muell.-Arg.）品种审定要求、判定规则和审定程序。 本部分适用于橡胶树品种的审定。
NY/T 2667.2—2014		热带作物品种审定规范 第2部分：香蕉	广东省农业科学院果树研究所、中国农垦经济发展中心	本部分规定了香蕉（*Musa* spp.）品种审定的审定要求、判定规则和审定程序。 本部分适用于香蕉品种的审定。
NY/T 2667.3—2014		热带作物品种审定规范 第3部分：荔枝	华南农业大学园艺学院、中国农垦经济发展中心	本部分规定了荔枝（*Litchi chinensis* Sonn.）品种审定要求、判定规则和审定程序。 本部分适用于荔枝品种的审定。
NY/T 2667.4—2014		热带作物品种审定规范 第4部分：龙眼	福建省农业科学院果树研究所、中国农垦经济发展中心	本部分规定了龙眼（*Dimocarpus longan* Lour.）品种审定的审定要求、判定规则和审定程序。 本部分适用于龙眼品种的审定。

（续）

标准号	替代标准	标准名称	起草单位	范　　围
NY/T 2668.1—2014		热带作物品种试验技术规程　第1部分：橡胶树	中国热带农业科学院橡胶研究所、中国农垦经济发展中心	本部分规定了橡胶树（*Hevea brasiliensis* Muell.-Arg.）品种比较试验、区域试验和抗寒前哨试验的方法。 本部分适用于橡胶树的品种试验。
NY/T 2668.2—2014		热带作物品种试验技术规程　第2部分：香蕉	广东省农业科学院果树研究所、中国农垦经济发展中心	本部分规定了香蕉（*Musa* spp.）的品种比较试验、区域试验和生产试验的方法。 本部分适用于香蕉品种试验。
NY/T 2668.3—2014		热带作物品种试验技术规程　第3部分：荔枝	华南农业大学园艺学院、中国农垦经济发展中心	本部分规定了荔枝（*Litchi chinensis* Sonn.）的品种比较试验、区域试验和生产试验的方法。 本部分适用于橡胶树的品种试验。
NY/T 2668.4—2014		热带作物品种试验技术规程　第4部分：龙眼	福建省农业科学院果树研究所、中国农垦经济发展中心	本部分规定了龙眼（*Dimocarpus longan* Lour.）的品种比较试验、区域试验和生产试验的方法。 本部分适用于龙眼品种试验。

（续）

标准号	替代标准	标准名称	起草单位	范　围
NY/T 2669—2014		热带作物品种审定规范　木薯	中国热带农业科学院热带作物品种资源研究所、中国农垦经济发展中心	本部分规定了木薯（*Manihot esculenta* Crantz）品种要求、判定规则和审定程序。 本部分适用于木薯品种的审定。

5 农牧机械

5.1 农业机械综合类

标准号	替代标准	标准名称	起草单位	范围
NY/T 643—2014	NY/T 643—2002	农用水泵安全技术要求	重庆市农业机械鉴定站、本田发动机有限公司、重庆宗申通用动力机械有限公司、新界泵业集团股份有限公司	本标准规定了农用水泵的安全技术要求。 本标准适用于 75kW 以下的农用水泵。
NY/T 2608—2014		联合收获机械　安全标志	山西省农业机械质量监督管理局、江苏沃得农业机械有限公司、星光农机股份有限公司、襄垣县仁达机电设备有限公司	本标准规定了联合收获机械安全标志的基本要求、型式尺寸及颜色。 本标准适用于谷物联合收割机及玉米收获机；其他收获机械可参照执行。
NY/T 2609—2014		拖拉机　安全操作规程	农业部农机监理总站、山东省农机安全监理站、辽宁省农机安全监理总站、福田雷沃国际重工股份有限公司	本标准规定了拖拉机安全操作的基本条件及其在启动、起步、转移行驶、农田作业、停机检查时的安全操作规程。 本标准适用于拖拉机的安全操作。

（续）

标准号	替代标准	标准名称	起草单位	范　围
NY/T 2610—2014		谷物联合收割机　安全操作规程	农业部农机监理总站、江苏省农业机械安全监理所、南京农业大学工学院	本标准规定了谷物联合收割机安全操作的基本条件及在启动、起步、转移行驶、收获作业、停机检查时的安全操作规程。 本标准适用于自走式谷物联合收割机的安全操作。悬挂式谷物联合收割机也可参照执行。
NY/T 2611—2014		后悬挂农机具与农业轮式拖拉机配套要求	甘肃省农业机械鉴定站、农业部旱作农机具质量监督检验测试中心、甘肃农业大学、甘肃省定西市农机研究所	本标准规定了后悬挂农机具与农业轮式拖拉机的配套要求。 本标准适用于农业轮式拖拉机后悬挂农机具的选配。
NY/T 2612—2014		农业机械机身反光标识	农业部农机监理总站、浙江省农业机械管理局、江苏省农业机械安全监理所、浙江道明光学股份有限公司、常州华日升反光材料有限公司	本标准规定了农业机械机身反光标识的术语和定义、材料性能要求、试验方法、检验规则、包装及标志、粘贴要求。 本标准适用于拖拉机、拖拉机运输机组、挂车及联合收割机。

（续）

标准号	替代标准	标准名称	起草单位	范　　围
NY/T 2613—2014		农业机械可靠性评价通则	农业部农业机械试验鉴定总站、河北省农业机械鉴定站、中国农业机械化科学研究院、江苏常发农业装备股份有限公司	本标准规定了农业机械可靠性评价的故障分级及记录、考核指标、考核方法、考核方法选择和评价规则。 本标准适用于农业机械试验鉴定工作的可靠性评价；其他目的的农业机械可靠性评价可参照执行。
NY/T 2614—2014		采茶机　作业质量	安徽省农业机械技术推广总站、福建省农业机械鉴定推广总站、浙江省农业机械管理局、湖北省农业机械技术推广总站、农业部农业机械化技术开发推广总站	本标准规定了采茶机作业的质量要求、检测方法和检验规则。 本标准适用于切割式采茶机作业质量评定。
NY/T 2615—2014		玉米剥皮机　质量评价技术规范	山东省农业机械科学研究院、山东德农农业机械制造有限责任公司、青岛农业大学、兖州市凯兴工矿机械有限责任公司、山东省泰安市农业机械科学研究所、福田雷沃国际重工股份有限公司	本标准规定了玉米剥皮机的质量要求、检测方法和检验规则。 本标准适用于玉米剥皮机的质量评定。

（续）

标准号	替代标准	标准名称	起草单位	范　　围
NY/T 2616—2014		水果清洗打蜡机　质量评价技术规范	农业部农业机械试验鉴定总站、新疆维吾尔自治区农牧业机械试验鉴定站、江西信丰绿盟农业发展有限公司	本标准规定了水果清洗打蜡机的术语和定义、基本要求、质量要求、检测方法和检验规则。 本标准适用于水果清洗打蜡机的质量评定。水果清洗机可参照执行。
NY/T 2617—2014		水果分级机　质量评价技术规范	农业部农业机械试验鉴定总站、新疆维吾尔自治区农牧业机械试验鉴定站、江西信丰绿盟农业发展有限公司	本标准规定了水果分级机的术语和定义、基本要求、质量要求、检测方法和检验规则。 本标准适用于按尺寸（或质量）、外观品质（色泽、果形、瑕疵）分级的球形果分级机的质量评定。
NY/T 2618—2014		农业机械传动变速箱修理质量	农业部农业机械试验鉴定总站、河北省农机修造服务总站、河北中农博装备有限公司	本标准规定了农业机械传动箱主要零部件、总成的修理技术要求、检验方法、验收与交付、防护与储存等。 本标准适用于农业机械传动变速箱的修理质量评定。

5.2 其他农机具

标准号	替代标准	标准名称	起草单位	范　　围
NY/T 2647—2014		剑麻加工机械　手喂式刮麻机　质量评价技术规范	中国热带农业科学院农业机械研究所	本标准规定了剑麻加工机械手喂式刮麻机的质量要求、检测方法和检验规则。 本标准适用于剑麻加工机械手喂式刮麻机的质量评定。

6 农村能源

沼气工程规模分类

标准号	替代标准	标准名称	起草单位	范　　围
NY/T 90—2014	NY/T 90—1988	农村户用沼气发酵工艺规程	农业部沼气科学研究所	本标准规定了农村户用沼气池的发酵工艺规程。 本标准适用于容积为 $50m^3$ 以下的农村户用沼气池。
NY/T 344—2014		户用沼气灯	农业部沼气科学研究所	本标准规定了家用沼气灯的术语和定义、产品分类、技术要求、试验方法、检验规则和标志、包装、运输、贮存的要求。 本标准适用于额定压力不大于 2.4 kPa，额定热负荷不大于 525W 的户用沼气灯。
NY/T 858—2014	NY/T 858—2004	户用沼气压力显示器	农业部沼气科学研究所	本标准规定了户用沼气压力显示器（以下简称显示器）的产品代号及型式规格、技术要求、试验方法、检验规则和标志、包装与贮存的要求。 本标准适用于指导户用沼气使用的量程为 0～10kPa 的圆形标度压力显示器和垂直直标度压力显示器。

（续）

标准号	替代标准	标准名称	起草单位	范　　围
NY/T 859—2014	NY/T 859—2004	户用沼气脱硫器	农业部沼气科学研究所、山西恒星催化净化有限公司	本标准规定了以氧化铁为脱硫剂的户用沼气脱硫器的型号参数、技术要求、试验方法、检验规则和标志、包装、运输和贮存的要求。 本标准适用于压力小于10 kPa的户用沼气脱硫器，本标准不适用于液体及其他固体脱硫剂的脱硫器。
NY/T 1220.6—2014		沼气工程技术规范　第6部分：安全使用	农业部沼气科学研究所	本部分规定了沼气工程安全使用的基本要求，控制沼气生产及利用过程安全影响因素的一般要求、安全防护技术措施、安全管理措施。 本部分适用于已建成并竣工验收投入使用的沼气工程。
NY/T 1496.4—2014	GB 7636—1987，GB 7637—1987	农村户用沼气输气系统　第4部分：设计与安装规范	农业部沼气科学研究所、迅达科技集团股份有限公司	本标准规定了户用沼气池输气系统的系统组成、系统设计、系统安装、质量验收和运行维护的要求。 本标准适用于压力<10 kPa的户用沼气池输气系统的设计与安装。

（续）

标准号	替代标准	标准名称	起草单位	范　　围
NY/T 2596—2014		沼肥	农业部沼气科学研究所、农业部沼气产品及设备质量监督检验测试中心	本标准规定了沼肥的术语、定义、要求、试验方法和检验规则。 本标准适用于以农业有机物为原料经厌氧消化产生的沼渣沼液经加工制成的肥料。
NY/T 2597—2014		生活污水净化沼气池标准图集	农业部沼气科学研究所、成都市农林科学院再生能源研究所、浙江省农村能源办公室、四川省农村能源办公室	本标准给出了生活污水净化沼气池建造及配套技术的选用设计。 本标准适用于村镇生活污水排水工程。
NY/T 2598—2014		沼气工程储气装置技术条件	农业部沼气科学研究所、农业部沼气产品及设备质量监督检验测试中心	本标准规定了设计压力 $P \leqslant 0.6$ MPa，有效容积 V 为 $50 \sim 3\ 000 m^3$，用于沼气工程的储气装置分类选择及技术条件。 本标准适用于新建、改建和扩建的沼气工程作为沼气储存、缓冲、稳压等的储气装置。

（续）

标准号	替代标准	标准名称	起草单位	范　　围
NY/T 2599—2014		规模化畜禽养殖场沼气工程验收规范	农业部沼气科学研究所	本标准规定了规模化畜禽养殖场沼气工程验收的内容和要求。 本标准适用于新建、扩建与改建的规模化畜禽养殖场沼气工程。
NY/T 2600—2014		规模化畜禽养殖场沼气工程设备选型技术规范	农业部沼气科学研究所、农业部沼气产品及设备质量监督检验测试中心	本标准规定了规模化畜禽养殖场沼气工程的设备分类及主要参数选取等。 本标准适用于新建、改建和扩建的规模化畜禽养殖场沼气工程，指导不同工艺类型、不同规模的沼气工程进行工艺装置及设备选择。
NY/T 2601—2014		生活污水净化沼气池施工规程	农业部沼气科学研究所	本标准规定了生活污水净化沼气池施工的实施程序和技术要求。 本标准适用于新建、扩建与改建生活污水净化沼气池，不适用于农村户用沼气池。

（续）

标准号	替代标准	标准名称	起草单位	范　　围
NY/T 2602—2014		生活污水净化沼气池运行管理规程	农业部沼气科学研究所	本标准规定了生活污水净化沼气池（以下简称“净化池”）运行管理的要求与方法。 本标准适用于分散式处理生活污水而修建的净化池的运行管理。

7 绿色食品

标准号	替代标准	标准名称	起草单位	范　围
NY/T 274—2014	NY/T 274—2004	绿色食品　葡萄酒	农业部食品质量监督检验测试中心（济南）、山东省标准化研究院	本标准规定了绿色食品葡萄酒的术语和定义、分类、要求、检验规则、标志和标签、包装、运输和贮存。 本标准适用于经发酵等工艺酿制而成的绿色食品葡萄酒。
NY/T 418—2014	NY/T 418—2007	绿色食品　玉米及玉米粉	农业部谷物及制品质量监督检验测试中心（哈尔滨）、黑龙江省农业科学院农产品质量安全研究所	本标准规定了绿色食品玉米及玉米粉的术语和定义、分类、要求、检验规则、标志和标签、包装、运输和贮存。 本标准适用于绿色食品玉米及玉米粉，包括玉米、鲜食玉米、速冻玉米、玉米碴子、玉米粉。
NY/T 419—2014	NY/T 419—2007	绿色食品　稻米	中国水稻研究所、农业部稻米及制品质量监督检验测试中心	本标准规定了绿色食品稻米的术语和定义、要求、检验规则、标志和标签、包装、运输和贮存。 本标准适用于绿色食品稻米，包括大米、糙米、胚芽米、蒸谷米、黑米、红米，不适用于加入添加剂的稻米。

（续）

标准号	替代标准	标准名称	起草单位	范　围
NY/T 432—2014	NY/T 432—2000	绿色食品　白酒	广东省农业科学院农产品公共监测中心、农业部蔬菜水果质量监督检验测试中心（广州）	本标准规定了绿色食品白酒的术语和定义、要求、检验规则、标志和标签、包装、运输和贮存。 本标准适用于不同香型、不同酒精度的绿色食品白酒。
NY/T 433—2014	NY/T 433—2000	绿色食品　植物蛋白饮料	农业部乳品质量监督检验测试中心	本标准规定了绿色食品植物蛋白饮料的术语和定义、要求、检验规则、标志和标签、包装、运输和贮存。 本标准适用于具一定蛋白质含量的绿色食品植物果实、种子、果仁为原料，经加工制得（可经乳酸菌发酵）的浆液中加水，或加其他食品配料制成的饮料；也适用于加入乳或乳制品而制成的复合蛋白饮料。
NY/T 891—2014	NY/T 891—2004	绿色食品　大麦及大麦粉	农业部食品质量监督检验测试中心（石河子）	本标准规定了绿色食品大麦及大麦粉的术语和定义、要求、检验规则、标志和标签、包装、运输和贮存。 本标准适用于绿色食品大麦、食用大麦和大麦粉。

（续）

标准号	替代标准	标准名称	起草单位	范　围
NY/T 892—2014	NY/T 892—2004	绿色食品　燕麦及燕麦粉	农业部食品质量监督检验测试中心（石河子）	本标准规定了绿色食品燕麦及燕麦粉的术语和定义、要求、检验规则、标志和标签、包装、运输和贮存。 本标准适用于绿色食品燕麦（裸燕麦、莜麦）及燕麦粉，包括燕麦米。
NY/T 893—2014	NY/T 893—2004	绿色食品　粟米及粟米粉	中国科学院沈阳应用生态研究所	本标准规定了绿色食品粟米及粟米粉的术语和定义、要求、检验规则、标志和标签、包装、运输和贮存。 本标准适用于绿色食品粟米及粟米粉，包括小米、黍米、稷米及粟米粉。
NY/T 894—2014	NY/T 894—2004	绿色食品　荞麦及荞麦粉	中国科学院沈阳应用生态研究所	本标准规定了绿色食品荞麦及荞麦粉的术语和定义、要求、检验规则、标志和标签、包装、运输和贮存。 本标准适用于绿色食品荞麦、荞麦米、荞麦粉。

（续）

标准号	替代标准	标准名称	起草单位	范　围
NY/T 1039—2014	NY/T 1039—2006	绿色食品　淀粉及淀粉制品	农业部食品质量监督检验测试中心（佳木斯）	本标准规定了绿色食品淀粉及淀粉制品的术语和定义、要求、检验规则、标志和标签、包装、运输和贮存。 本标准适用于绿色食品食用淀粉（包括谷类、薯类、豆类淀粉及菱角淀粉等其他食用淀粉）及食用淀粉制品［包括粉丝（条）、粉皮及其他食用淀粉制品等］；不适用于魔芋及魔芋粉制品、藕粉、植物全粉（如马铃薯全粉）、淀粉糖、膨化淀粉制品、油炸淀粉制品、方便粉丝。
NY/T 1042—2014	NY/T 1042—2006	绿色食品　坚果	农业部食品质量监督检验测试中心（佳木斯）	本标准规定了绿色食品坚果的分类、要求、检验规则、标志和标签、包装、运输和贮存。 本标准适用于绿色食品核桃、山核桃、榛子、香榧、腰果、松子、杏仁、开心果、扁桃（巴旦木）、澳洲坚果（夏威夷果）、鲍鱼果、板栗、橡子、银杏、芡实（米）、莲子、菱角等鲜或干的坚果及其果仁，也适用于以坚果为主要原料，不添加辅料，经水煮、蒸煮等工艺制成的原味坚果制品；不适用于坚果类烘炒制品。

（续）

标准号	替代标准	标准名称	起草单位	范　围
NY/T 1045—2014	NY/T 1045—2006	绿色食品　脱水蔬菜	广东省农业科学院农产品公共监测中心、农业部蔬菜水果质量监督检验测试中心（广州）	本标准规定了绿色食品脱水蔬菜的术语和定义、要求、检验规则、标志和标签、包装、运输和贮存。 本标准适用于绿色食品脱水蔬菜，也适用于绿色食品干制蔬菜；不适用于绿色食品干制食用菌、竹笋干和蔬菜粉。
NY/T 1047—2014	NY/T 1047—2006	绿色食品　水果、蔬菜罐头	农业部食品质量监督检验测试中心（湛江）、中国热带农业科学院农产品加工研究所	本标准规定了绿色食品水果、蔬菜罐头的术语和定义、要求、试验方法、检验规则、标志和标签、包装、运输和贮存。 本标准适用于绿色食品水果、蔬菜罐头，不适用于果酱类、果汁类、蔬菜汁（酱）类罐头和盐渍（酱渍）蔬菜罐头。
NY/T 1051—2014	NY/T 1051—2006	绿色食品　枸杞及枸杞制品	农业部枸杞产品质量监督检验测试中心、宁夏农产品质量标准与检测技术研究所	本标准规定了绿色食品枸杞及枸杞制品的术语和定义、要求、检验规则、标志和标签、包装、运输和贮存。 本标准适用于绿色食品枸杞及枸杞制品（包括枸杞鲜果、枸杞原汁、枸杞干果、枸杞原粉）。

（续）

标准号	替代标准	标准名称	起草单位	范　围
NY/T 1052—2014	NY/T 1052—2006	绿色食品　豆制品	农业部大豆及大豆制品质量监督检验测试中心	本标准规定了绿色食品豆制品的术语和定义、要求、检验规则、标志和标签、包装、运输和贮存。 本标准适用于以豆类为原料加工制成的绿色食品豆制品（包括熟制豆类、豆腐、豆腐干、腐竹和腐皮、干燥豆制品、豆粉、大豆蛋白），不适用于豆类饮料、膨化豆制品和发酵性豆制品。
NY/T 1512—2014	NY/T 1512—2007	绿色食品　生面食、米粉制品	农业部农产品质量监督检验测试中心（郑州）、河南省农业科学院农业质量标准与检测技术研究所	本标准规定了绿色食品生面食、米粉制品的术语和定义、要求、检验规则、标志和标签、包装、运输和贮存。 本标准适用于绿色食品生面食制品，包括生面制品（挂面、通心粉）和生湿面制品（面条、切面、饺子皮、馄饨皮、烧麦皮等）；米粉制品（包括米粉、米线、年糕、春卷皮等）。不适用方便面米制品。

8 转基因

标准号	替代标准	标准名称	起草单位	范　围
农业部 2122 号公告—1—2014		转基因动物及其产品成分检测　猪内标准基因定性 PCR 方法	农业部科技发展中心、中国农业科学院北京畜牧兽医研究所	本标准规定了猪（*Sus scrofa*）内标准基因 *Linc _ CAB* 的定性 PCR 检测方法。 本标准适用于转基因动物及其产品中猪成分的定性 PCR 检测。
农业部 2122 号公告—2—2014		转基因动物及其产品成分检测　羊内标准基因定性 PCR 方法	农业部科技发展中心、中国农业科学院北京畜牧兽医研究所	本标准规定了羊内标准基因 *PH-PAP* 的定性 PCR 检测方法。 本标准适用于转基因动物及其产品中羊成分的定性 PCR 检测。
农业部 2122 号公告—3—2014		转基因植物及其产品成分检测　报告基因 *GUS*、*GFP* 定性 PCR 方法	农业部科技发展中心、浙江省农业科学院、安徽省农业科学院水稻研究所	本标准规定了转基因植物中报告基因 *GUS*、*GFP* 的定性 PCR 检测方法。 本标准适用于转基因植物及其制品中报告基因 *GUS*、*GFP* 的定性 PCR 检测。

（续）

标准号	替代标准	标准名称	起草单位	范　围
农业部 2122 号公告—4—2014		转基因植物及其产品成分检测　耐除草剂和品质改良大豆 MON87705 及其衍生品种定性 PCR 方法	农业部科技发展中心、山东省农业科学院植物保护研究所、中国农业科学院生物技术研究所	本标准规定了转基因耐除草剂和品质改良大豆 MON87705 转化体特异性定性 PCR 检测方法。 本标准适用于转基因耐除草剂和品质改良大豆 MON87705 及其衍生品种，以及制品中 MON87705 转化体成分的定性 PCR 检测。
农业部 2122 号公告—5—2014		转基因植物及其产品成分检测　品质改良大豆 MON87769 及其衍生品种定性 PCR 方法	农业部科技发展中心、天津市农业质量标准与检测技术研究所、吉林省农业科学院、中国农业科学院生物技术研究所	本标准规定了转基因品质改良大豆 MON87769 转化体特异性定性 PCR 检测方法。 本标准适用于转基因品质改良大豆 MON87769 及其衍生品种，以及制品中 MON87769 转化体成分的定性 PCR 检测。
农业部 2122 号公告—6—2014		转基因植物及其产品成分检测　耐除草剂苜蓿 J163 及其衍生品种定性 PCR 方法	农业部科技发展中心、农业部环境保护科研监测所	本标准规定了转基因耐除草剂苜蓿 J163 转化体特异性定性 PCR 检测方法。 本标准适用于转基因耐除草剂苜蓿 J163 及其衍生品种，以及制品中 J163 转化体成分的定性 PCR 检测。

（续）

标准号	替代标准	标准名称	起草单位	范　　围
农业部 2122 号公告—7—2014		转基因植物及其产品成分检测　耐除草剂苜蓿 J101 及其衍生品种定性 PCR 方法	农业部科技发展中心、中国农业科学院植物保护研究所	本标准规定了转基因耐除草剂苜蓿 J101 转化体特异性定性 PCR 检测方法。 本标准适用于转基因耐除草剂苜蓿 J101 及其衍生品种，以及制品中 J101 转化体成分的定性 PCR 检测。
农业部 2122 号公告—8—2014		转基因植物及其产品成分检测　抗虫水稻TT51-1 及其衍生品种定量 PCR 方法	农业部科技发展中心、中国农业科学院油料作物研究所、上海交通大学、中国农业科学院生物技术研究所、中国农业大学、中国农业科学院植物保护研究所、中国检验检疫科学研究院食品安全研究所、江苏出入境检验检疫局、上海出入境检验检疫局	本标准规定了转基因抗虫水稻 TT51-1 转化体特异性定量 PCR 检测方法。 本标准适用于转基因抗虫水稻 TT51-1 及其衍生品种，以及制品中 TT51-1 转化体的定量 PCR 检测。

（续）

标准号	替代标准	标准名称	起草单位	范　　围
农业部 2122 号公告—9—2014		转基因植物及其产品成分检测　耐除草剂玉米 DAS-40278-9 及其衍生品种定性 PCR 方法	农业部科技发展中心、安徽省农业科学院水稻研究所、浙江省农业科学院	本标准规定了转基因耐除草剂玉米 DAS-40278-9转化体特异性定性 PCR 检测方法。 本标准适用于转基因耐除草剂玉米 DAS-40278-9 及其衍生品种，以及制品中 DAS-40278-9 转化体成分的定性 PCR 检测。
农业部 2122 号公告—10.1—2014		转基因植物及其产品环境安全检测　耐旱玉米　第 1 部分：干旱耐受性	农业部科技发展中心、吉林省农业科学院、中国农业科学院作物科学研究所	本部分规定了转基因耐旱玉米对干旱耐受性的检测方法。 本部分适用于转基因耐旱玉米对干旱的耐受性水平检测。
农业部 2122 号公告—10.2—2014		转基因植物及其产品环境安全检测　耐旱玉米　第 2 部分：生存竞争能力	农业部科技发展中心、吉林省农业科学院、中国农业科学院作物科学研究所	本部分规定了转基因耐旱玉米生存竞争能力的检测方法。 本部分适用于转基因耐旱玉米变为杂草的可能性、转基因耐旱玉米与非转基因玉米及杂草在荒地和农田中竞争能力的检测。

（续）

标准号	替代标准	标准名称	起草单位	范　　围
农业部 2122 号公告—10.3—2014		转基因植物及其产品环境安全检测　耐寒玉米　第 3 部分：外源基因漂移	农业部科技发展中心、吉林省农业科学院、中国农业科学院作物科学研究所	本部分规定了转基因耐旱玉米外源基因漂移的检测方法。 本部分适用于转基因耐旱玉米与栽培玉米的异交率以及基因漂移距离和频率的检测。
农业部 2122 号公告—10.4—2014		转基因植物及其产品环境安全检测　耐旱玉米　第 4 部分：生物多样性影响	农业部科技发展中心、吉林省农业科学院、中国农业科学院作物科学研究所	本部分规定了转基因耐旱玉米对生物多样性影响的检测方法。 本部分适用于转基因耐旱玉米对玉米田节肢动物群落结构、主要鳞翅目害虫及玉米病害影响的检测。
农业部 2122 号公告—14—2014		转基因植物及其产品成分检测　抗虫和耐除草剂玉米 Bt11 及其衍生品种定性 PCR 方法	农业部科技发展中心、吉林省农业科学院、浙江省农业科学院	本标准规定了转基因抗虫和耐除草剂玉米 Bt11 转化体特异性定性 PCR 检测方法。 本标准适用于转基因抗虫和耐除草剂玉米 Bt11 及其衍生品种，以及制品中 Bt11 转化体成分的定性 PCR 检测。

（续）

标准号	替代标准	标准名称	起草单位	范　　围
农业部 2122 号公告—15—2014		转基因植物及其产品成分检测　抗虫和耐除草剂玉米 Bt176 及其衍生品种定性 PCR 方法	农业部科技发展中心、黑龙江省农业科学院	本标准规定了转基因抗虫和耐除草剂玉米 Bt176 转化体特异性定性 PCR 检测方法。 本标准适用于转基因抗虫和耐除草剂玉米 Bt176 及其衍生品种，以及制品中 Bt176 转化体成分的定性 PCR 检测。
农业部 2122 号公告—16—2014		转基因植物及其产品成分检测　抗虫玉米 MON810 及其衍生品种定性 PCR 方法	农业部科技发展中心、中国热带农业科学院热带生物技术研究所	本标准规定了转基因抗虫玉米 MON810 转化体特异性定性 PCR 检测方法。 本标准适用于转基因抗虫玉米 MON810 及其衍生品种，以及制品中 MON810 转化体成分的定性 PCR 检测。

9 职业技能鉴定

标准号	替代标准	标准名称	起草单位	范　围
NY/T 2603—2014		大型藻类栽培工	农业部人力资源开发中心	
NY/T 2604—2014		啤酒花生产工	农业部人力资源开发中心	
NY/T 2605—2014		饲料配方师	农业部人力资源开发中心	
NY/T 2606—2014		果类产品加工工	农业部人力资源开发中心	
NY/T 2607—2014		水生高等植物栽培工	农业部人力资源开发中心	

10 综合类

标准号	替代标准	标准名称	起草单位	范　围
NY/T 2537—2014		农村土地承包经营权调查规程	农业部农村经济体制与经营管理司、农业部农村合作经济经营管理总站、农业部规划设计研究院、四川省农业科学院遥感应用研究所	本标准规定了农村土地承包经营权调查的任务、内容、步骤、方法、指标、成果和要求等。 本标准适用于农村土地（耕地等）承包经营权确权登记颁证进行的调查工作。
NY/T 2538—2014		农村土地承包经营权要素编码规则	农业部农村经济体制与经营管理司、农业部农村合作经济经营管理总站、农业部规划设计研究院	本标准规定了发包方、承包方、承包地块、承包合同、农村土地承包经营权证（登记簿）的代码结构、编码方法和赋码规则。 本标准适用于农村土地承包经营权确权登记中对发包方、承包方、承包地块、承包合同、农村土地承包经营权证（登记簿）进行信息标识、处理和交换等。

（续）

标准号	替代标准	标准名称	起草单位	范　围
NY/T 2539—2014		农村土地承包经营权确权登记数据库规范	农业部农村经济体制与经营管理司、农业部农村合作经济经营管理总站、农业部规划设计研究院	本标准规定了农村土地（耕地等）承包经营权确权登记数据库的内容、数据组织与管理、数据文件命名、数据交换格式和元数据等。 本标准适用于农村土地承包经营权确权登记颁证过程中的确权登记数据库建设与数据交换。
NY/T 2652—2014		农产品中^{137}Cs的测定　无源效率刻度γ能谱分析法	中国农业科学院农产品加工研究所、农业部辐照产品质量监督检验测试中心、中国计量科学研究院电离辐射计量科学研究所	本标准规定了农产品中^{137}Cs的无源效率刻度检测方法。 本标准适用于农产品中^{137}Cs放射性活度高于探测限的检测，其他生物样品的γ放射性核素检测可参照执行。
NY/T 2654—2014		软罐头电子束辐照加工工艺规范	中国农业科学院农产品加工研究所、农业部辐照产品质量监督检验测试中心、江苏省农业科学院太阳能农业利用研究所、北京农业质量标准与检测技术研究中心	本标准规定了软罐头电子束辐照加工的术语和定义、辐照前要求、辐照工艺、辐照后产品质量、检验方法、标识和贮存等要求。 本标准适用于以控制病原菌和/或延长货架期为目的的软罐头的电子束辐照加工。

图书在版编目（CIP）数据

农业国家与行业标准概要．2014 / 农业部农产品质量安全监管局，农业部科技发展中心编．—北京：中国农业出版社，2016.8

ISBN 978-7-109-21595-5

Ⅰ.①农…　Ⅱ.①农…②农…　Ⅲ.①农业一国家标准一中国一2014②农业一行业标准一中国一2014　Ⅳ.①S-65

中国版本图书馆 CIP 数据核字（2016）第 077458 号

中国农业出版社出版

（北京市朝阳区麦子店街 18 号楼）

（邮政编码 100125）

责任编辑　郭晨茜　孟令洋

中国农业出版社印刷厂印刷　　新华书店北京发行所发行

2016 年 8 月第 1 版　　2016 年 8 月北京第 1 次印刷

开本：889mm×1194mm　1/16　　印张：6.75

字数：200 千字

定价：30.00 元